孩子不仅给我们带来了快乐，
更重要的是他们把我们重新引入真、善、美的世界

立 品 图 书·自觉·觉他
www.tobebooks.net
出 品

你不是孤单一人

个人成长和亲子关系指南

（西班牙）白大卫　著
刘海龙　译

中国文联出版社

图书在版编目（CIP）数据

你不是孤单一人：个人成长和亲子关系指南 /（西）白大卫著；刘海龙译．— 北京：中国文联出版社，2015.2

ISBN 978-7-5059-9700-4

Ⅰ．①你… Ⅱ．①白… ②刘… Ⅲ．①成人心理学—通俗读物 Ⅳ．① B844.3-49

中国版本图书馆 CIP 数据核字（2015）第 054024 号

你不是孤单一人：个人成长与亲子关系指南

作　　者：白大卫　　　　译　　者：刘海龙

出 版 人：朱　庆

终 审 人：奚耀华　　　　复 审 人：蒋　泥

责任编辑：蒋爱民　褚雅越　　　　责任校对：傅泉泽

封面设计：尚上文化　　　　责任印制：周　欣

出版发行：中国文联出版社

地　　址：北京市朝阳区农展馆南里 10 号，100125

电　　话：010-65389682（咨询）　65067803（发行）　65389150（邮购）

传　　真：010-65933115（总编室），010-65033859（发行部）

网　　址：http://www.clapnet.cn

E-mail：clap@clapnet.cn　　　　yayue1570@126.com

印　　刷：三河市华晨印务有限公司

装　　订：三河市华晨印务有限公司

法律顾问：北京市天驰洪范律师事务所徐波律师

本书如有破损、缺页、装订错误，请与本社联系调换

开　　本：787×1092　　1/16

字　　数：200 千字　　印张：18.5

版　　次：2015 年 5 月第 1 版　　印次：2015 年 5 月第 1 次印刷

书　　号：ISBN 978-7-5059-9700-4

定　　价：45.00 元

每个大人心里都住着过去的那个孩子，

而每个孩子心里，都有个未来的大人在静静等候。

——约翰·康诺利[1]《失物之书》

（John Connolly, *The Book of Lost Things*）

谨以此书

献给我中国学生们的内在小孩

致谢

这本书是我二十年来个人思考和专业学习的成果，也是我在心理学方面的一次尝试。

我要向西班牙超个人心理学的先驱——安东尼奥·布雷（Antonio Blay）致以最深的谢意。他的教导为我的生活带来了巨大的转变，也让我认识了“内在小孩”。我也要感谢玛丽·库艾内斯（Marly Kuenerz）、理查德和凯瑟琳夫妇（Richard & Catherine Galbraith）、米格尔·辛塔斯（Miguel Cintas）、维基·门德斯·德比戈（Vicky Méndez de Vigo）、谢里夫·夏拉卡尼（Cherif Chalakani），他们都是我个人成长之路上的杰出榜样。在写作本书的过程中，我也从许多大师的著作中得到了启发，如鲍勃·霍夫曼（Bob Hoffman）、马斯洛（Abraham Maslow）、卡尔·罗杰斯（Carl Rogers）、荣格（Carl Gustav Jung）、纳兰霍（Claudio Naranjo）、海灵格（Bert Hellinger）、艾瑞克·伯恩（Eric Berne）、玛格丽特·保罗（Margaret Paul）、艾瑞卡·肖皮克（Erika Chopich）、布涵诺丁（Burhanuddin Herrmann）等。

我要向生命泉团队致以深深的谢意。她们精心地组织“内在小孩”课程，并一直关心、支持着各位学员。同时，我也要感谢两位优秀的伙伴——本书的编辑月怡和将本书译成中文的海龙，能与他们合作是我的幸运。此外，我还要感谢所有参与本书光盘录制的朋友们：两位声音优美动听的专业播音员刘莹和马维，还有刘济铭、黄一田、李佳颖等几位聪明的小朋友，以及录音工程师宝江。

感谢一直支持我的妻子、父母、家人和朋友。

我要谢谢自己的内在小孩，感谢我们一起学习、经历的一切。

在写作的过程中，考虑到中国读者的文化背景以及共同的童年经历，我对本书做了一些调整，使其更适合你们的需要。因此，本书在介绍“内在小孩”方法时，也选取了许多贴近中国读者生活经历的故事和例子。我在2007年来到美丽的中国，认识了许多来自各地的朋友，你们年龄各异，背景不同，能与你们合作是我的幸运。我要感谢所有的中国朋友，并把这本书献给你们的内在小孩。

最后，我要向生命的本质献上最深的敬意！！！

白大卫

David Blanco

目录

附　录

第一章

什么是内在小孩

小曹和小卫是一对典型的中产夫妻，他们有个四岁大的孩子。他们刚开始谈恋爱那会儿，两人都还很年轻。他们读中学时就认识，上大学时成了男女朋友。毕业之后，两人打算一起开个厂，于是向父母借些钱，从银行贷了点款，辛苦几年之后，把自家的纺织厂办得有声有色。

后来小曹怀上了孩子，是个男孩。但从那时起，两人的关系开始变得有些紧张。他们这么多年都在一起打拼，彼此之间却有了些怨恨。小卫觉得自己得不到妻子的认可；而小曹又觉得小卫只想着工作，对她不闻不问。小曹想趁着怀孕的时候好好休息一下，把工作上的事情先放一放。“如果我专心做个贤妻良母，说不定我们的关系又会变好呢。”她心里这样想。从那时起，她就淡出了工作，只是帮公司管管账。

然而，时间一天天地过去，小曹却对自己和丈夫的关系越来越不满意。小卫花在工作上的时间越来越多，几乎每天都有饭局，招待客户、供货商……每次都很晚才回来。

小曹特别怀念大学时光，那时候她和小卫还在热恋中：两人一起聊天，一起吃饭，特别开心。他们还会互相写情诗，或是深情相拥，久久不肯放手。

儿子小伟的诞生，给两人带来了一些甜蜜和欢乐。但没过多久，他们的婚姻又变得索然无味。为了照顾孩子，小卫的父母搬到了他们家，这让小曹心里很不是滋味。她觉得小卫的母亲过于严厉，什么事都要管。

看着小伟一天天长大，小曹不禁想起了自己小时候的样子。童年的回忆让她觉得有些哀伤，心里像打了个结一样难受。还好，家里有公公婆婆带孩子，所以小曹还不算太忙。一天，小曹上完瑜伽课，约了几个朋友见面，开始向她们诉苦："我老公从来都不怎么关心我，他好像觉得生意比家庭还重要。他每天都特别紧张，只想着怎么把生意做大。"小曹的朋友们听了之后　向她推荐了一个她们最近上过的课程——"内在小孩"。"上课的老师是西班牙来的，这课肯定能帮到你。"她们说道。于是，小曹没过多久就报了名。

小曹上完课之后，又约朋友们出来见面，和她们分享自己的感受："课程带给我的触动很深。之前有好多东西没觉察到，现在我理解了。大家都很棒，很友好。我现在感觉很兴奋，我对自己、老公还有家里人，都比以前要更有爱、更宽容了。在课上，我回顾了生活中自己走过的路，我意识到，路的尽头并不是急转弯。我也意识到，这些困难并不是我的选择，但我可以决定如何去回应。白大卫老师给我们举了牧豆树[2]的例子。牧豆树生长在荒漠中，由于环境恶劣，土地贫瘠，所以要将树根伸向十多米深的地下去汲取水源。根扎在地下，连暴风雨也撼动不了它。虽然生存环境不利，但它却因此变得更有力、更坚强。我有时觉得自己就是这棵牧豆树。"

"再给我们讲讲，你还学到了什么？"小曹的朋友们好奇地问道。"我还看到了自己的内在小孩。她好像在那等我，等着我去注意她，关心她。在几天的课程中，她不断地变化，最开始是个难过、无助的小女孩，后来又变得精力充沛，她开心地玩耍，充满了好奇心……"

那几天，我的灵魂一直被疗愈着。我终于懂得，我小时候受过伤害，而这些伤害一直影响着我和丈夫、父母以及孩子的关系。还有，我终于意识到，我以前对自己爱得一点都不够，对自己一点都不好。而现在，我懂得了怎样去珍视自己。

我两岁的时候，父母把我送到乡下，和爷爷奶奶一起住。他们觉得，只要我吃得饱穿得暖，还有人照顾，就够了。然而，与父母的分离对我其实有很大影响。我想妈妈。对还是个小孩的我来说，妈妈就是整个世界。没有人可以替代她。爸爸妈妈把我送到别处去住，这让我觉得自己不被接纳，感受不到爱，觉得自己被人遗弃。小的时候，我就会想："肯定是我不够好，所以妈妈不要我了。"

大约六岁的时候，爸爸妈妈把我接回家里住。我不得不再次面对分离。这次，是和爷爷奶奶的分离。他们这几年来一直照顾我，我对他们十分依恋。我又一次感觉被遗弃。从那时起，我就觉得，没有什么人真正可以依靠。我心里满是深深的孤独，没有一点归属感。不信任，缺乏归属感，这些感受一直持续到现在。

这些年来，我弟弟却一直和爸爸妈妈住在一起。这让我觉得自己不受重视。上"内在小孩"课时，我终于明白，从那时起，我就习惯性地嫉妒别人："别人有的东西，我没有；别人比我更讨人喜欢。"

从那时起，我就一直觉得自己得不到爱，得不到接纳，得不到赞许。从青春期时起，我就很想找个人，让自己有被爱的感觉。然而，我又不信任一切关系。我总是觉得，爱我的人最终一定会抛弃我。我现在明白了，如果我觉得自己会被丈夫抛弃，我就会指责他。我总是怪他，怪他对我爱得不够。这样一来，小卫也一直得不到赞许，于是我们在情感上变得越来越疏远。

妈妈怀上我的时候，其实他们想要的是个男孩，不是女孩。妈妈生了个女孩，她感觉有些对不起爸爸。我这才意识到，我这辈子一直在努力，为的就是让父母让老公看到我的价值。我一直在寻求他们的认可和接纳。因为觉得自己不受重视，所以我想比别人做得更好。我不断地努力，成了一名好学生，一位女强人。我要让爸爸妈妈知道，自己不比男孩子差。但他们好像从来没有看到我的价值，这让我觉得难过、失望。我恨爸爸妈妈。这种怨恨深藏在心底，影响着我的生活。上了课，我才知道，平时不常给父母打电话，或是对他们只做到“孝顺”而已，这都是我对父母的怨恨在无意识中的表现。我在情感上和他们保持距离。现在，我在内心深处原谅了他们，这让我的生活变得更加平和。在课上，我能够换位思考，看到他们的爱和局限。我甚至看到了父母的内在小孩，这让我深受触动。

在课上，我清理了许多积压在心里的情绪。我发现，自己原来只顾着家人、朋友、邻居、老板和客户，从来没关心过自己。其他的一切都是第一位的，而我自己的内在小孩却总被排在最后。在我成长的过程中，人们教我要无私，要分享，要把别人摆在首位。但在课上，我终于明白，不关心自己的人，能给予的也不多。我忽视了自己的内在小孩，结果是常常感到疲惫，每时每刻都处在焦虑之中。我突然意识到，自己对待自己的方式，和父母对待小时候的我是一样的。我明白了，只有尊重自己、珍视自己，才会真正拥有爱。我要更加爱自己，这样别人才会真正爱我。我学着去倾听内在小孩的感受和直觉，学着做自己内在小孩的爸爸妈妈，无论是和别人在一起，还是独自一人，我都学着关注自己的感受。我一步步地疗愈过去的创伤。现在，我很清楚自己该做什么，我也感觉更有动力更有热情，想要做个快乐的母亲和妻子。我还需要一些时间来练习，但生活已经开始了转变。我的变化让老公很感动。我上完课回来之后，他也去上了一期“内在小孩”。

老公回来之后，我们在情感上亲近多了。他给我讲了很多课上的内容，我们都明白了婚姻的问题所在。他是家里的老大，爸爸妈妈特别宠他。这让他变得有些以自我为中心，总是要与众不同，显得自己很重要。另一方面，我在家里却有点受冷落，所以很难表达自己的需要。我总想去讨好小卫，觉得他的需求比我的更重要。这让我对他、对自己都有些怨恨。

之前我讲到了自己童年时的经历，因为这些经历，我时常觉得小卫对我漠不关心。一旦有这种感觉，我就开始责备他。当然，他的反应也很激烈。不过，现在我们俩都找到了原因。在“内在小孩”课上，他意识到，自己对于批评非常敏感。小的时候，父母对他期望很高，十分严格。他只能付出极大的努力，才能取得成功，才能不辜负父母的爱。

小卫的父母常常吵架，有时甚至大打出手。现在他终于明白，这对他的影响有多大。他对婚姻、伴侣的认识，就是从父母开始的，这在他心里设置了固定的模式。我们吵架时，也会触动他小时候看到父母吵架时的恐惧和伤痛。于是，他选择了抽离，一心扑在工作上，以此来做出回应。在“内在小孩”课上，他才明白，他故意和我疏远，为的就是尽量避免和我争执。

小卫还明白了一点：他害怕在公众面前讲话，其实和童年的两次事件有关；正是因为这两件事，他的自信心受到了极大伤害。上学的时候，有位老师几次嘲笑他，嫌他字写得不好。他觉得自己在全班同学面前受到了羞辱；还有，他在学校里总是被一群高年级学生欺负，他们会威胁他，侮辱他，甚至动手打他。他怕极了，从来不敢和父母讲。一旦处于人群之中，成为人们注意的对象，他就觉得缺乏安全感。这一点还影响了他的工作，毕竟他是领导者。

通过这门课程，他知道了怎样当好自己内在小孩的向导。小卫要做的，是在感受和理性的头脑之间找到一种更加平衡的状态。现在，我的丈夫全然相信，如果我们认真倾听自己的感受，便会产生一种智慧。他说，大脑左右两个部分都要照顾到才行。现在，他觉得肩上的压力少多了，对孩子更加亲切，也更愿意和我们在一起了。我们都明白，我们俩在个人成长的道路上才刚刚起步，但我们很有热情，愿意不断学下去。

内在小孩

每个人心里都住着一个孩子。你凭直觉就知道这一点，那种感觉就像一本书，让你忍不住想翻开，看看里面的内容。亲爱的读者，要知道，这个孩子已经等了你太久。如果你爱她[3]，关注她，她就会给你许多财富。她有一把金钥匙，可以打开一扇又一扇门，将你带入更广阔、更精彩的生活。我希望这本书能够让你发现你自己的内在小孩，并且去关爱她，疗愈她灵魂的创伤，让她得到真正的尊重。

我们和一个人相处一段时间之后，便会知道，这个人并非那么简单。他有很多我们不了解的地方。有时候，我们会说："他 / 她怎么这样对我？当初结婚的时候不是这样啊！"再比如，你在某位同事的眼中，可能是个非常严肃的人。有一天，整个团队完成了一个大项目，聚餐之后，大家一起去舞厅庆祝，你立刻跳起来，跳得毫无拘束。那位同事看到你这样，一定会惊掉下巴。你可能会觉得自己天天都是一个样子，但其实你有很多面，很多个"我"。在生活的舞台上，每个人都演着许多个角色。对于不

同的人，在不同的情况下，我们会以不同的角色呈现。而“内在小孩”就是我们主要的内在角色之一。

内在小孩是人们情绪上的自我，是感受和欲望的表达。

如果有人说：“这是我的本能反应”，那他指的就是自己的内在小孩。

我们也可以说，人的“头脑”代表“思考、计划、行动”，而“心”则代表“感受、体验、存在”。如果抛开生物学上的意义，那么，“心”就是我们所说的“内在小孩”。这是我们的人格中柔软、脆弱的部分，指向感受和直觉。

我们和心连接的时候，也和内在小孩相连接。

看到这里，你可能会有些困惑：“为什么心的形象是一个孩子呢？”

我们出生的时候，心是敞开的。那时，我们十分柔弱，但面对的这个世界却是危险而残酷的。有时我们会因此受伤，并迅速地把心保护起来。为了保护这颗心，我们渐渐地将它关闭，让它麻木，让柔弱的自己不受伤害；这就像筑起了一道屏障，将我们与自己的心隔离开来，远离那些伤痛，几乎没有了感觉。因此，当我们还小的时候，自己的某一部分就失去了一切感受。

我们知道，每个人除了“智力年龄”之外，还有“情绪年龄”。一个人可能看起来很成熟，但在和亲近的人相处时却像个冲动的孩子。对于大多人来说，无论实际年龄多少，从情绪年龄来看，他们都只不过是个孩子。我们可以问问自己：“发脾气的时候，我多大了？缺乏安全感、嫉妒别人时，我多大了？”

我们做出情绪上的反应时，其实就产生了一种自发性的年龄回溯。

几百年以来，我们和祖辈们所接受的教育，充满了对于逻辑和理性头脑的崇敬，而对感受和直觉却大加贬损，甚至不屑一顾。这样的教育加剧了失衡的状况：我们大多数时候使用左脑，使得右脑的能力未被充分开发。多年的学校教育使我们的智商得到了开发，而与此形成鲜明对比的是，我们的“情绪智力”却没有得到关注。大多数人对于外部世界十分了解，且精于谋生及

生财之道；但绝大多数人对于自己的头脑、情绪、心理以及灵性的维度一无所知。在认知内在世界方面，大多数人还处在幼儿园的水平。这种无知让整个世界经受着痛苦。我们对于自我、对于头脑和情绪的工作方式知道得越少，就越有可能在心里、在关系当中制造出痛苦。幸运的是，最近几十年情况有所改善：在许多研究者、教授、记者的努力下，实用的心理学知识得以不断发展，并且越来越普及。

这本书将引导我们踏上一段内在的旅程。旅程的目的，就在于培养我们的情商。我鼓励大家以内在小孩为纽带，和自己的心再次连接，全然地连接。我会给予必要的指导，让大家深入了解自己的童年，并疗愈那些一直背负的伤痛。

如果我们忽视了内在小孩，便会一直做出孩子气的反应。

丈夫也许会对妻子缺乏耐心；母亲也许会对不听话的孩子大吼大叫，甚至拳脚相加；生意人也许会在公开演讲时怯场。我们的情绪反应和习惯，正是内在小孩直接的表达方式。如果受到冷落，她便会一次又一次地做出反应，这种反应通常是冲动的、不成熟的，但也毫不造作。如果你也是这样，那一定要明白：你的心里，一定有个内在小孩需要你的关注。在抑郁的人心里，一定有个内在小孩，觉得自己一事无成，毫无希望；在焦虑的人心里，一定有个内在小孩，觉得厄运即将来临；在害羞的人心里，一定有个内在小孩，觉得自己不够优秀；在缺乏安全感的人心里，一定有个内在小孩，觉得自己什么事都做不好；在孤独的人心里，一定有个内在小孩，她备受冷落，无人关心；在自大的人心里，一定有个内在小孩，她曾经被某个重要的人压制、批评、低估；在上瘾的人心里，一定有个内在小孩，她想借助自己的癖好，逃离孤独和伤痛。

这本书会教你如何接近心里的内在小孩，如何去理解她，如何了解她的需要，以便让自己更平静、更欢乐。如果能真正地关注内在小孩的需要，你一定会收到她真心赠予你的财富。

内在小孩与激情

内在小孩是我们的动力之源。内在小孩的心声就是“我要，我想，我觉得，我需要”。我们越是用理性的头脑思考，越是和内心保持距离，我们的生活就会越灰暗，越枯燥。内在小孩传递了我们深层的欲望，她让我们更加清楚，自己想要什么，不想要什么。尼采曾说：没有音乐的生命是无意义的。我想加上一句：没有内在小孩的生命是无意义的。聆听内在小孩的心声，关注内在小孩的需求，我们的生命就会更加多彩。

内在小孩能使我们产生一种激情，这种激情能让人快乐地工作。“带着激情工作”就是将自己全心地投入到体验当中。我们每个人都拥有“年轻的自我”。她充满着能量，并且告诉我们，工作的效果和乐趣可以兼得。我们越接近内在小孩，就越能全然地给出自我。充满激情地生活，对孩子们来说并不难。我们可以看到，他们无论做什么，都会全然投入。

爱自己的内在小孩，你的存在会变得多姿多彩。

我们有时会觉得自己充满生命力，这正是因为有内在小孩。与内在小孩的连接越紧密，我们的一举一动就越有激情，身边的人受到的鼓舞也就越深。充满活力的人会让身边的同事发挥出最大潜能。若能达到这样的工作状态，无疑是在告诉身边的人们："工作不一定枯燥无聊。在工作中，我们可以用创造力以快乐的方式展现自己的能力。"

"年轻的自我"会唤醒人们身体的感受，并让人们全然投入到这种感受中，而不是"活在头脑之中"，或是在思考中迷失方向。孩子们是感官动物。他们要探索新的环境，会去摸，去闻，去尝，去听。玩耍的时候，他们会把整个身体都用上，尽力地展现自我。

成年人若能爱自己的内在小孩，便会显得年轻。

充满欢乐和活力的内在小孩会让我们重现生机。她会给我们的生活"加点料"，让我们更幽默，更快乐。孩子们爱笑，他们笑的时候，整个肚子都在颤悠。我们越是接近内在小孩，就越能让自己开心。我们笑的时候，大脑就开始分泌使人快乐和满足的荷尔蒙，并将其输入到血液中。

内在小孩与亲密关系

在亲密关系中，人们能否幸福相处，关键也在于内在小孩。伴侣双方唯有照顾好自己内在小孩的需求，真正对他们负起责任，才能拥有亲密的关系。在潜意识中，我们都希望得到对方的爱，这和小时候对于爱的那种渴求是一样的。父母没有给予什么，我们就努力从另一半得到什么。在我们的想象中，自己还是个孩子，还需要别人的照顾、关爱和认可，而这个人就是那位"白马王子"或者那位"女神"。但随着时间的流逝，这种"相爱"会让人失望，

让人受伤。时间会让我们看清自己的另一半：他们最好的一面和最坏的一面都会呈现在我们眼前。

除了你自己，没有人能够疗愈你的内在小孩。

了解了彼此的内在小孩，明白她的感受，知道她的伤痛，我们就能拥有更亲密的关系。如果我们每个人都能对自己的内在小孩负起责任，而不是等着别人来照顾她，我们就会变得更容易与人相处，更容易吸引并获得对方的爱。对内在小孩负责，就是要时刻关注自己的感受和需求；每天至少抽出一点时间与自己相处，用喜悦、轻松的事情滋养内心；拨开每天头脑中纷繁的思绪，倾听自己清晰的心声。换句话说，我们要对自己的幸福负责。自己究竟是苦是乐，要看我们做出怎样的选择。

孩子们总是十分信任那些爱他们的人，并对他们敞开心扉。同样地，如果我们能照顾好自己，我们的内在小孩也会信任我们，对我们敞开心扉。彼此以诚相待，互信的关系就能不断发展，这正是完美的亲密关系中不可缺少的因素。

接近内在小孩，就是接近自己的内心，接近自己脆弱的那一面。我们要与自己亲近，这一步很重要。然而，与所爱的人相处，就不能怕自己变得脆弱，只有这样，才能和另一半亲密相处，让两颗心真正接近。很久之前，襁褓中的我们还非常脆弱，对周围的世界全然敞开。而这种脆弱并未从我们身上消失。我们只不过是把它藏了起来。因为敞开，脆弱的状态有时容易让人受伤。许多人暴露了自己脆弱的一面，受了伤，结果再也不愿也不能去冒险了。受过伤的人，尤其是男人，会变得不太敏感，甚至冷若冰霜，把自己一层层保护起来，将伤痛隔绝在外。

孩子的需求得不到满足，被忽视，被冷落，他们就会压抑自己的需求。

这些需求的背后，是我们与生俱来的脆弱。然而，在之后的关系中，我们却总是以痛苦收场。要付出爱，得到爱，我们就必须善待自己，时刻关注自身的需求。铁石心肠中绝不会有爱，爱只源于关心和温柔。要得到爱，我们就必须敞开心扉，无惧脆弱。只有先变得脆弱，才能全然地接纳。

有时我们会在内心竖起一道屏障，将自己的感受、情绪的需求隔绝在外，和自己的心拉开距离。这样一来，我们在感情上就与人疏远。这种内在的疏离，会把一段关系中的两个人拉开。随着时间的推移，我们慢慢习惯了这样的生活：保持内心的孤独，虽有自己所爱的伴侣，但从不交心，冷漠相待。

和内在小孩的连接是治疗孤独的良药。通过内在小孩，我们可以和自己、和他人实现深层的连接。

当我们和内在小孩建立连接时，孤独感便会消失，并且变得更温柔，更能理解他人。

在中国，我注意到经常有这样的情况：很多夫妻在婚后一段时间，特别是有了孩子之后，他们的亲密程度会明显下降。很少有结婚多年，还能保持亲密关系，能够彼此十分默契的夫妻。这和我们成长的方式有关。对于男性来说，他们从小就被灌输这样的错误观念：柔弱、温和是弱小的表现。以前，我们对自己的心理不甚了解，所以不少人都有这样的观念。但现在，我们都知道，只有自信和坚强的人才敢于展现自己柔弱的一面。他们之所以不怕显示自己的柔弱，正是因为他们并不弱小。他们愿意将内在小孩呈现在自己信任的人面前，因为他们知道，即使内在小孩遇到危险，也一定能得到他的保护。

温和并不意味着软弱。如果别人占了我们便宜，而我们却逆来顺受，这才是软弱。如果我们乞求别人的认可，这就是软弱。如果我们觉得自己会拥有王子和公主那样的爱情，永远不会孤单，那也是一种软弱。轻柔温和的爱也一样充满力量。事实上，没有任何事物比爱更有力量。比起铁石心肠，爱更能打动人心。习武之人都明白一个道理：对手进攻时，要以柔克刚，不要硬碰硬，这样才能不费气力，顺势还击。

我们若能触碰到内在小孩的柔弱之处，便会感受到她的力量所在。

我们若能学会处理自己的柔弱和情绪创伤（这也是本书的主题），亲密关系便是好的疗愈方式。如果亲密关系中的一方找到了他／她的内在小孩，并且教会另一方，那么两颗温柔的心便能相遇，渐渐融化。这是爱的体验，是一种超验，能让人们的心灵得到滋养。理解内在小孩，我们就更能理解自己所爱的人；无论何时，和内在小孩亲近，都能为亲密关系打下基础。学会观察所爱之人的内在小孩，我们在亲密关系当中就会更有爱心。

内在小孩与为人父母之道

孩子们深爱着爸爸妈妈。正是因为这种爱，他们才会为父母背负情绪的负担。我们的后代和我们的内在小孩有着深层的连接。我们若能为自己的内在小孩疗愈伤痛，消除误解，就能让自己的孩子得以解脱，使他们无须经受我们曾经经受的痛苦。为人父母的经历，也是我们发现内在小孩的过程。看着孩子娇嫩的肌肤和他们自由的天性，我们的心扉会自然打开。孩子是一面镜子，让我们看清自己的本源、童年，还有和父母的关系。父母如果和自己的内在小孩更亲近，便能增进他们和自己孩子之间的感情。这样的父母会更注重教育孩子的方式，而不是机械地重复上一辈的做法。我们的生活之所以充满痛苦，是因为有许多误解从未消除，反而是埋在心里，代代相传。与祖辈相比，今天的我们有更多的机会去疗愈去转化那些一代代不断累积的痛苦。如果我们能消除误解，去芜存菁，将祖祖辈辈的品德和智慧传承下去，那将是多么有意义的一件事！愿我们能因此蒙受祝福；愿我们能以耐心和宽容对待自己。

疗愈自己的内在小孩，以自尊、自助的方式和自己相处，是我们送给孩子的一份厚礼。如果我们和自己的关系不和，无论读多少书，也无法教好孩子。“为人父母”四个字并非空谈，需要我们实实在在地去做。任何一段亲密的关系中，人们的优缺点都会显露无遗。从孩子身上，我们能看到自己的柔和、纯净、天真、好奇。他们也许会触发我们的缺点，如缺乏耐心、缺少安全感、过度控制、过于苛求，等等。和自己内在的这个“小孩”建立良好的关系，我们就能更好地和自己的孩子连接。

在“内在小孩”课程中，学员会参与一系列的练习，体验回到童年的过程。我们也许忘记了儿时无忧无虑的生活，忘记了那种全然打开、依赖他人、敏感脆弱的状态。父母若是能再次体验童年，或许会产生许多想法，改善自己和孩子相处的方式。他们会根据孩子的感觉和需要来调整自己，并给孩子以鼓励，让他的潜力得到最大限度的发挥。他们会在和孩子相处时划定界限，态度坚决，但不乏关爱。对于成年人来说，如果他们能疗愈过去的伤痛，便会显得更有活力，更年轻；如果他们活得轻松快乐，孩子们就愿意与之亲近。父母不断开发自己的内在世界，便能成为孩子们更好的榜样；在养育孩子的过程中，即使遇到困难，犯了错误，他们也能以理解和宽容的态度对待自己。作为父母，他们也许并不完美，但他们会让自己变得更有智慧，更加快乐，更能给人启迪。他们对于孩子无限的爱，激励着他们不断学习，让自己也能达到最好的状态。

内在小孩与创造力

珍惜并尊重内在小孩的人，感觉会更轻松，更随性。内在小孩总是在我们随性的时候显露出来，激发出人的幽默、聪颖以及创造力。

这个小家伙总是十分好奇。每个孩子都会探索并尝试周围的一切，这是一种内在的需要。每一刻都是全新的，宛若一个奇妙的世界。爱因斯坦曾说过：有两种方法过生活，一种是认为这世上没有奇迹，另一种是把每件事物都当作奇迹。[4]

在孩子的眼中，一切都是奇迹，整个世界充满了魔力。

我们若是用这种全新的、开放的视角去观察这个世界，并且摒弃一切偏见，便会产生创造力。内在小孩有着一种与生俱来的创造力，她用富于想象力的头脑，不断创造出新的可能。举例来说，优秀的艺术作品难以用智力去理解，但更接近于内在小孩的世界。

内在小孩好比一个“年轻版”的自己，她具有敏感的特性。这种特性使我们更能体会到自己的直觉。例如孩子们能够瞬间看出身边的人是否可信。回想一下你第一天上学的经历：开课时，一位新老师走进教室。几分钟之内，你和同学们就能了解得一清二楚：这位老师是宽松还是严格？是热情还是冷漠？是宽容还是苛刻？这样，你很快就探明了他的底线，知道自己该乖乖听话，还是可以调皮一点儿。这靠的就是孩子的直觉。

内在小孩与灵性的维度

内在小孩是通向灵性维度的入口。许多灵性上师，无论活在什么时代，来自哪个传统，都讲过这样一个道理：只有具备孩子那样的天真和纯洁，我们才能接近灵性的真相，感受其中微妙的振动。请看下面两句话：

> “为天下溪，恒德不离；恒德不离，复归于婴儿。”[5]
>
> 耶稣说：“你们若不回转，变成小孩子的样子，断不得进天国。”[6]

因此，各种灵性的传承都要求人们让头脑平静下来，卸下过去的负担，使其得到净化。在灵性的著作中，一般人头脑的状态常被比作这样一面镜子：它的表面积满了灰尘，无法映出真实的画面。追求灵性成长的人，会以冥想的方式净化头脑，使其如光一般的本质透射出来。这样一来，她的眼睛便会像婴儿一样纯洁。接近内在小孩，重获心中的那种纯洁和天真，我们便为灵性之路铺上了一块基石。

安东尼奥·布雷（Antonio Blay）是西班牙心理学和灵性研究的先驱，

也是一位我敬爱的老师。他曾说，灵性必须付诸实践，才是真正的灵性。我们需要用灵性来提高生活质量。要做到这一点，我们需要将理性和感受、心和头脑加以整合。只有净化自己的内心，使“童年的自我”不受错误观念的影响，我们才能和灵性的维度整合。他说的其实就是内在小孩。

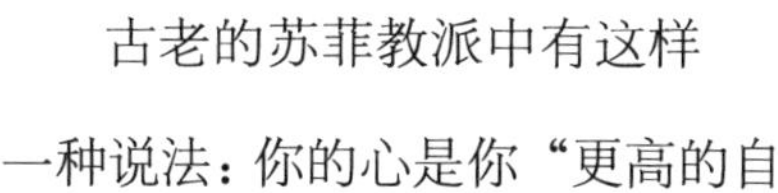

古老的苏菲教派中有这样一种说法：你的心是你“更高的自我”所在的地方；小我或者“虚假的自我”能够掌控你的头脑，但不能征服你的内心。要完全不被小我操控，唯一的方法是与你的内心建立深层的连接。消极的小我不会影响内在小孩纯洁的品质。因此，和自己的感受、自己的内心保持连接的人，最能让人信任。然而，一个和自己的感受脱节的冷漠的人，也许会对他人造成伤害却毫不自知。

在一片玫瑰丛中，最柔美、最脆弱的部分是玫瑰花，最美丽、最宝贵的部分也是它。内在小孩是人格中最柔和、最敏感的部分，但正是因为这种敏感，我们才能尽情聆听动人的音乐，欣赏美丽的微笑，感受日落的色彩。

我见过不少的人，他们重获了与内在的连接，唤醒了那个“小的我”，变得更加自然。这样一来，在自然中漫步就成了他们一种最大的爱好。他们感受到自己的生命力，对自然的生命力感觉也更加强烈。他们能够接收到一种由内向外的生命振动，让人十分快乐。在内在小孩的引领下，他们用双手去触摸大树那强劲的枝干，去体会森林的芬芳，聆听树叶在微风轻抚时奏出的音乐。于是，他们的内在小孩与自然融为一体；他们明白，与自然亲近，会让内在小孩得到滋养。

内在小孩与自尊

不少人误以为，自尊取决于别人对我们的看法。但是，并非每个人都有健康的自尊心。有时，我们下了很大功夫，做出不少努力，终于换来了父母、伴侣的认可和重视。即使是这样，我们也只能得到短暂的快乐，这种感觉会很快消失，我们会渴望得到更多的认可，想要再次获得被人重视的感觉。自尊，其实来自于对自身价值的认识。要重视一件事物的价值，你必须先了解它。举例来说，我们越了解自己的身体，就会越欣赏它。我们的心脏每天跳动十万次；我们的眼睛可以分辨一百万种不同的颜色；我们不需要思考，就能完成这一切；我们的肺每天吸入两百万升空气；我们的听力十分敏锐，可以分辨成百上千种不同的声音；我们的大脑有一百多万个神经细胞。

只有对自身深入地了解，我们才能发现自己真正的价值。正如古今各地的上师们所说的那样："认识你自己。"

人们对自己的看法是从很小的时候形成的。大多数情况下，你的内在小孩对她自己的认识可能十分有限，或是有些消极。在接下来的几章里，我们会讨论这种认识的成因和转变它的方法。对大多数人来说，内心深处呈现的自我印象往往十分消极，没有体现他们真正的价值。我有很多学生曾说过，第一次见到我时，我的目光会让他们感到害怕，即使那种目光里带着爱和接纳。通过本能反应，他们就知道，我的眼睛能看透他们的心理面具，而这种面具是他们多年以来形成的，用来保护自己的脆弱之处。他们的内在小孩感觉不到爱，感觉不到自己的价值。而我看穿了这一切，这让他们感到害怕。他们对此感到害羞，不愿意被别人发现。但是，课程开始之后，他们开始看到自己面具背后的样子，便会自然而然地看到他们内在小孩的可爱之处，看到他们的价值。这种转变并非一时的现象。随着时间的推移，他们对自己消极的印象开始减少，不再盲目地认为自己一无是处，而且渐渐地感觉自己更有爱、更充实、更有价值了。

我们只有感受到自己的价值，才能照顾好自己。我们愿意把时间花在自己身上，也是一种自尊的表现。只有觉得自己有价值，我们才会觉得自己的时间很宝贵，才会想要把它用好。

许多人对别人比自己还要重视。他们的内在小孩认为，别人拥有的东西——美丽、金钱、智慧、名声——都很珍贵，而自己却没有这一切。这种思考方式大多是在童年形成的。也许父母对他们很严苛，经常拿“别人家的孩子”来和他们相比，或是偏爱其他的兄弟姐妹。这样的人，总是容易发现别人身上的品质，但却很难看到自己的才能和潜力。为别人买东西时，他们总是十分大方；但轮到自己的时候，他们却有些吝啬，总是思前想后，难以下定决心。如果这样的人能够发现自己的内在小孩，看到自己值得尊重的地方，他们就能意识到自己的独特之处，并且珍惜这些特质。一棵树上没有两片一模一样的叶子。它们长得都很像，但每一片叶子都是独特的。其实，别人所拥有的许多东西，我们身上也有。明白了这一点，并且珍惜自己与众不同的地方，我们就为健康的自尊心打好了基础。

给你的建议

本书是一本实用的指导手册，包括了两方面的内容：一是个人成长，二是为人父母之道。其目的是帮助大家理解自己的童年，并疗愈过去的伤痛。在工作中，我有幸认识了许多来自中国各地的学员，而这本书也是专为中国读者而写的。为使讲解的内容更为清晰，我在书中加入了许多事例，这些内容均以中国人的生活为背景。

本书的第一部分主要是讲述内在小孩的概念。我们要弄清自己的行为模式，就必须了解自己早期的生命，包括尚在母体中的那段时期。书中会讲到生命早期的经历对于当下生活的影响，包括感受、关系、工作、对待孩子的方式等各个方面。理解了这一概念之后，我们自我的意识会增强，与他人的关系也能得到改善。

了解了过去经历的重要性之后，我们可能会问：过去的无法改变，那我现在又该怎么办呢？本书的第二部分介绍了疗愈内在小孩的方法：接近、认识内在小孩；放下过去的负担；爱自己，并原谅父母。

在阅读本书的过程中，请关注自己的回忆、情绪以及身体的感受，因为它们都是内在小孩呈现的方式。在内在的旅程中，我们要温柔地对待自己。同时，你可以试着做一下本书中的各种练习。为了让各位读者在练习时获得更真实的体验，我们在书后附上了一张 CD——“聆听内在小孩的声音”，内容包括：

（1）“没有人来”，刘济铭朗读，第 133 页；

（2）“视觉冥想练习：遇见你的内在小孩”，马维、刘莹朗读，第 156 页；

（3）“疗愈内在小孩的话语”，马维、刘莹朗读，第 188 页；

（4）“我要你知道我的存在”，黄一田、李佳颖朗读，第 223 页。

本书中有不少实用的例子和练习。希望你会喜欢这本书，愿它能使你的生活变得更好。内在世界的发现之旅是一次美丽的旅程，也是最值得去走的一段旅程。

（为保护当事人隐私，本书中所涉及的人名均为化名。）

第一部分

来自过去的内在小孩：了解你的童年，了解你自己

第二章

童年的重要性

每个人都是童年的产物。

——迈克尔·杰克逊[7]

直觉告诉我们，童年对我们有着深远的影响。在我们认识自己现在的感受、思考和行为方式的过程中，童年是十分重要的因素。弗洛伊德以及之后的许多心理学家，都强调过这一点。如果把头脑比作一台电脑，我们可以这样说，头脑运行所需的程序，大多数在童年时已经写好了。我们知道，这些程序写得越早，它对我们现在生活的影响就越大。如果要比较一下生命中不同时期对于我们的影响，影响最大的一定是童年。那时主要的感受，后来变成了我们成年期主要的情绪状态；我们小时候对于身边所发生的事情的解读，影响了我们现在看待这个世界的方式；父母对待我们的方式，对于我们对待自己和身边的人的方式（例如丈夫、妻子、孩子、同事）都有很大影响；我们能否感受自身的价值，会不会感到疏离、孤独，取决于童年的家庭是否让自己有归属感；父母相处的方式，会影响我们对婚姻的认识；是否有兄弟姐妹，以及与他们的关系如何，都会影响我们和同事、朋友之间的关系。

生命中每一个阶段的特点不同，但都很重要。每一年，我们都会获得许多成长的机会，让自己变得更成熟，变得更有意识，更富智慧。例如我们在青春期内会发生许多重要的变化，还会遇到许多挑战，而我们应对这些变化与挑战的方式，会对我们的自信产生影响。就算现在这个年龄，我们也能不断调整，做出改变，进行学习。童年是我们的感受、思考、学习、反应方式的形成期。那这是否意味着，我们现在的感受、思考、学习、反应的方式就在童年时固定下来了，再也不能改变了呢？并非如此。事实上，我们可以转化、疗愈并且改进我们现在感受、思考、行为和反应的方式。这就是“照顾内在小孩”的结果。这本书的目的只有一个：让我们的生命更平和，更有爱，更快乐，更有意义。我们自己的转化会给周围的人带来积极的影响。我们都生活在一定的系统中，系统中某一个元素发生改变，整个系统就会受到影响。

这一章为我们提供了一定的基础，让我们深入地了解自己的内在小孩。要了解内在小孩，我们就要深入了解自己小时候的经历，了解自己的童年。通过这些了解，我们就能找出那些不断出现的情绪，自然产生的念头，以及自发性行为背后的根源。

童年有什么特别之处？为什么童年的经历对我们有着更为深远的影响？为什么童年是我们无意识头脑中最重要的阶段？

孩子出生时，情感是开放的

我们出生之时，情绪状态是打开的。那时，我们没有心理上的防御层，就像相机的光圈一样，可以让光透过。我们出生时，不仅身上一丝不挂，心理上也毫无遮挡。

孩子的吸收能力很强。他们就像海绵一样，吸收周围环境中的各种东西。我们在物理课上学过，一切事物都在振动。每一种情绪，每一个念头，都有一种特别的振动。我们每个人都在不断地往环境中加入各种各样的振动，而这些振动会随着我们不同的情绪和精神状态出现变化。每个人身上最常见的情绪和念头，会在我们周围形成一个精神的“场”。我们的情绪和精神状态越平和、越有爱，产生的精神场就越轻松，场内振动的频率就越高，速度就越快。有的人精神场让人感觉很轻松，那就很容易吸引孩子和动物，因为他们都喜欢接近这样的人。如果一个人的情绪和精神处在一种焦虑的状态中，十分抑郁，充满压力，那他们的精神场就会让人感觉沉重，振动的频率较低，速度也较慢。孩子和动物都不喜欢这样的人，因为他们会带来沉重的压力。

如果把一个小孩带进一间屋子，而且屋里发生过强烈的、让人不快的事件，例如吵架、争斗，即使不知道到底发生了什么，这个孩子也会觉得不舒服。这种感受也许会让他变得易怒、焦躁，甚至开始大哭。与此相反，如果把一个小孩带进另一间屋子，而屋里曾经有过幸福、快乐的时刻，例如家人团聚，这个小孩就会感觉比较轻松，并在这里欢笑、玩耍。孩子和动物有一个共同点：他们都保持着打开的状态，容易吸收周围环境中的振动。

2004年，印尼、斯里兰卡、印度、泰国遭到印度洋海啸袭击。在发生之前，当地的动物已经逃到了安全的地方。国家地理频道曾经做过报道，在海啸到达岸边之前，大象就开始尖叫，并且跑到高地上；狗也不愿出门；火烈鸟也离开了栖息的低地；动物园里的动物迅速躲进自己的避难所，怎么叫也不出来。野生动物专家认为，动物的感觉十分敏锐，所以它们可以听到、感觉到地球的振动。在人类还没弄清怎么回事的时候，它们就已经知道灾难即将来临。[8]

既然童年的我们像一块海绵，那么小时候家里的气氛就像是浴缸里的水。我们每天都处在父母的振动中，并且将它们吸收，和它们一起振动。由于智力还没发育成熟，所以我们并不能理解周围的环境，也不能理解父母之间发生的事。但因为我们当时处在打开的状态，毫无保留地吸收周围的一切，父母的情绪、精神状态以及他们对彼此的感受，都会对我们造成很深的影响。

无论父母的情绪是难过还是高兴，即使他们不说，孩子也能感觉到。有时，父母全心全意地陪在孩子身边；有时，他们虽然陪着孩子，但心里却想着工作，或是发信息、上网。对这一切，孩子都一清二楚。孩子每天都需要父母的关注。他们希望父母可以进入属于他们的“宇宙”，认真地听他们说的每一句话，和他们一起玩耍。只要陪着孩子，父母就可以把积极的振动带给他们，并给予他们心理的滋养。这种关注能让孩子感觉到自己的价值，让他们知道自己有多重要。

在这个世界上，如果我们每时每刻都带着打开的情绪状态生活，那么迟早会受到伤害。小时候，我们在心理上没有太多防御，所以还非常脆弱。我们对于强烈的振动十分敏感，例如伤人的话、威胁、大喊大叫、侵犯、暴力等。家里看得见的冲突会产生明显的振动；但有些冲突是看不见的，于是家里面就产生了一种紧张、冷漠的气氛，带来负面的振动。父母能够对孩子隐藏矛盾，但藏不住他们之间的振动和气氛。不管他们再怎么努力掩饰，假装和平，孩子总能感知并吸收他们之间紧张的能量。

在振动的世界中，我们的一切都逃不过孩子的眼睛。

家庭环境中的一切振动，都源自于藏在表象背后的故事。

当家人——父母、叔叔、伯伯、爷爷、奶奶——谈及某一类话题时，例如金钱、健康、工作、性、死亡等，孩子们即使不能理解话语的意思，也能体会每一种话题在家里造成的振动。在孩子的无意识头脑中，每一类话题都会和一定的振动联系起来。而这种振动会深深影响孩子对于这一类话题的看法。他会不知不觉地带上家人的振动，或者发展出与其正好相反的特质。例如每当家里人谈到金钱时，家里的气氛总是很紧张，让人不快，甚至有些担忧。这样一来，在你无意识的头脑中，金钱便和困难、焦虑联系在一起。你对金钱的态度可能会变得和家人一样，经常莫名其妙地焦虑，害怕自己钱不够；并且幻想有一天能够拥有很多钱，这辈子再也不用愁了。还有一种可能，在你的无意识头脑中逐渐形成了相反的态度，而走向另一个极端——花钱如流水，和朋友吃饭时从来都抢着买单，也不愿为未来储蓄。

时刻保持打开的状态，会让人痛苦，让人受伤。随着时间的推移，我们学会了在心理上保护自己。在生活当中，负面的事件会不断发生，但因为我们已经有了保护，所以受到的影响越来越少。这种保护对我们有什么影响？我们保护自己的方式有哪些？这些我们会在后面谈到。

孩子的神经系统可塑性极强

人的年龄越小，神经系统的可塑性就越强。所以，越是小的时候，我们做出改变和调整就越容易，学习新东西也越不费力。反之，年龄越大，神经系统的可塑性就越弱。所以，长大了之后，我们如果要学习新的知识，做出改变和调整，就没有那么容易了。但这并不是说，在成年之后，我们就不能做出改变。改变是可以做到的，只是难度增加了。

为了适应新的环境、新的挑战，神经系统会建立新的连接、形成新的网络。对于婴儿来说，他们的神经系统还正在形成，非常柔弱，可塑性也非常强。所以，他们能很快地建立新的连接。

这和制作盆栽是一个道理。盆栽在中国有着近两千年的历史。园丁制作盆栽时，要趁树苗还没长大的时候开始造型。试想，在一棵小树苗上切出一条口，是多么的简单。但是，二十年之后，它长成了一棵大树，这条口也变得又长又深。若是要在这棵大树上切出这么大的一条口，要花的气力会比二十年前大得多。与二十年前相比，现在树干的表面要粗糙得多。同样地，因为童年的我们可塑性较强，所以那时的经历对我们的影响要大得多。

接下来，我们再看看，还有哪些原因使得童年在无意识头脑中的影响如此之大。

孩子什么都会信

孩子很容易相信成年人所说的话。他们具有的想象力，可以毫不费力地创造出一个幻想的世界，就像真的一样。如果我们告诉一个孩子："在夏威夷，猪都长着翅膀，可以飞上天呢。"他们就能想象出这一画面，并且信以为真。

当我还小的时候，有一次，我和爸爸妈妈去叔叔工作的地方玩。那时，他们的办公室刚装修过。我表姐想逗我，于是对我说："这整个房间都是巧克力做的。"她在手里捏着一块巧克力，把我带到一面墙边，揭起一片旧墙纸，并把巧克力藏在后面。当她拿出那块巧克力的时候，我惊呆了。我当时很想一直待在那，把整个办公室吃进肚子里。

当我们还小的时候，由于缺乏一定的知识，我们无法判断自己看到的事物是不是真的，只能从父母那里得到答案。我们将他们的话记在心里，将他们的看法、判断、说法、规矩都印在脑子里，留在无意识头脑中。直到今天，

这些信念还存在于我们的无意识世界中。每天，我们脑子里会自动跳出几千个念头，而其中有些念头就是当时形成的。这些信念影响了我们所做的选择，与人相处的方式，对金钱的看法，对自己的感受。这些信念由来已久，是以无意识的方式一代代传下来的。

人类许多痛苦都来自于头脑中错误的信念。

不论爸爸妈妈说什么，孩子都会当真。但父母经常会忘记这一点。成年人会“换个角度看问题”，或者告诉自己：“别把问题看得那么重”，但孩子还没有这样的能力。如果爸爸妈妈告诉自己的孩子“你是个坏孩子”，孩子就会信以为真，并且将这样的信息记录在无意识中。曾有一位学员告诉我，她小的时候，妈妈经常对她说“你去死吧”。当然，妈妈说出这样的话，可能是因为她自己心情不好，或是缺乏耐心，并不是真要自己的孩子去死。但妈妈不知道，孩子会把听到的话当真。这个小女孩觉得这是妈妈的命令，说明妈妈不想要她。于是，她离开家，向河边走去，打算一死了之。还好，因为恐惧，她没能壮着胆子跳进脚下的急流，最后活着回来了。

很多父母经常用威胁的方式迫使孩子听话。比如，“如果你不努力的话，我就不喜欢你了。”“如果你不睡觉的话，等会儿怪物会把你抓走。”他们说这些话的时候，并不知道孩子会有多害怕。这些话听多了，孩子即使不会有太大的反应，也将那种恐惧印在了无意识头脑中。

大人们可能会对孩子开玩笑，而没有想到，他们会把这些话当真。有些话说得太重，成了一种评判，对孩子的一生都会有影响。比如，“你是我们从街上捡来的”，“他是个笨孩子”，或是“她和她妈一样抠门”。

孩子们需要依靠

孩子们完全需要依靠，这是他们的脆弱之处。与其他哺乳动物相比，人类的依赖性是最强的。一头刚出生的小牛，行动能力相当于一岁的人类婴儿。孩子们需要依靠父母，从他们那里获得温暖、食物和保护；所以，对于孩子来说，被抛弃、独处会让他们立刻感到死亡的威胁。父母是他们生命的守护者，是他们一切需求的来源。小孩子们会随时观察妈妈的存在，生怕她不在身边。如果妈妈离开了他们的视线，他们就会感到害怕，马上开始呼唤她回来。许多人成年之后，还是害怕被抛弃，害怕独处，就是因为在他们的无意识头脑中，认为被抛弃、独处就意味着面临死亡的危险。

孩子依赖父母，并从他们那里得到所需的爱和情感。

以自我为中心的思维方式

孩子们的思考总是以自我为中心。他们也许在感情上会关心别人，但却无法真正从别人的角度思考问题。直到青春期的时候，他们才能做到换位思考。所以，婴儿常常会以为，周围的一切都和他有关，好像自己无所不能。例如妈妈在工作上很不顺，回到家之后，也没心情和孩子玩，表现得很不耐烦。这时，孩子就会觉得“妈妈认为我不够好”。如果爸爸经常出差，没时间和孩子玩，孩子就会觉得“爸爸对我没兴趣，我对爸爸来说不重要，不够好”。父母打了儿子，儿子不会觉得“他们打我，是因为他们自己也曾被父母打过，也不知道有什么其他方法让孩子听话”，他只会觉得“他们打我，是因为我不好、犯错……”。如果父母把女儿送到爷爷奶奶家住，让爷爷奶奶照顾她，这个小女孩不会觉得“爸爸妈妈工作忙，就把孩子送到爷爷奶奶家住，这是大多数家庭的习惯”，她的想法是“他们抛弃我，因为我不够漂亮、不够可爱、不够聪明、表现不够好……”。

孩子总是从自己的角度去看世界。我们再看一个例子：爸爸要出差了，临走前和女儿告别。女儿很生气，不想爸爸走，所以不愿意亲他。爸爸很心急，怕错过航班，于是就坐上出租车，直接离开了。结果，在去机场的路上，爸爸出了车祸，送到医院之后，由于伤得太重，不幸去世了。消息传到家里之后，女儿坚定地认为，就是因为自己没有亲爸爸，所以爸爸不在了。孩子就会这么想，什么都以自我为中心。他们觉得一切都和他们有关，认为自己有着巨大的能力，可以靠自己的念头和行动改变一切。七八岁之前，孩子们都觉得自己无所不能，而不会用理性思考。

孩子的思维很简单

孩子的理解力经常比我们想的要更强。他们易于接受新事物，富于直觉，并且充满好奇心。然而，他们对于复杂事物的逻辑推理能力要过一段时间才能显现，并逐渐成熟。让·皮亚杰和其他心理学家都研究过这一点：孩子的思维方式是如何随着年龄的增长而变化的。他们后来明白了，在六七岁之前，孩子们的思维大多都是不太理性的。[9]

孩子们会用简单化的思维观察现实世界。例如“如果你不爱我，那你就是恨我”。心理学家们看来，这是一种“非有即无”“非黑即白”的思维。真相一般是复杂的，而且总是在变化。举例来说，当我们对所爱的人说“我爱你”的时候，其实说的并不是真相。如果要更真实一些，我们应该说：“有些时候，我很爱你；有些时候，我对你的爱只有一点儿；有的时候，我并不爱你，你让我很生气、很失望，我什么都不愿意去想。”在孩子眼中，世上的人非好即坏。经过很多年的成长，他们才能看清人的两面性：每个人身上既有优点，也有缺点，对别人的爱也并非一直不变。

我们童年时期的这种绝对的思考方式，会造成许多严重的误解，并被我们一直记在无意识中。“妈妈不关心我”，“生活很艰难”，“我什么都做不好”，“我姐姐什么都好，哪像我”，等等。这些想法都是简单化的思维所带来的误解。我们成熟之后，才能看见事物的各个方面，看见那些“灰色地带”。这样我们才能明白：我们可以爱一个人，但有时对他又毫无感觉；我们可能很聪明，但也会不时犯傻；我们可以爱自己的孩子，但有时会对他们生气；我们的生活有时很艰难，但有时又充满欢乐。

孩子缺乏时间观念

小孩子永远活在当下。他们在此刻所看到的，就是他们的一切。试想一下，妈妈带孩子去看医生，在排队时，妈妈去了一趟洗手间，并让旁边的一位阿姨看着她的孩子。过了几分钟，孩子看不到妈妈，就开始大哭大叫。孩子不会觉得“妈妈一会儿就回来”，因为他太小，还没有时间观念。对孩子来说，看不到妈妈，就是“妈妈不在了”。正如我们之前所说，孩子的直觉会告诉他，这意味着巨大的危险。

我们再举一个更极端的例子。一个小女孩看着自己的父母吵架。他们情绪非常激动，这时，爸爸突然打了妈妈一巴掌，并叫她离开这个家。这时，孩子还没有时间观念，她不会觉得“他们现在吵得厉害，但过几天可能就好了”，因为在她眼前发生的就是她的一切。父母是孩子的一切，也是安全感、食物和爱的来源。而这时，小女儿遭到了巨大的打击，整个世界都崩塌了。正如我们所讲的那样，她情绪上处于打开的状态，容易吸收周围的一切。于是，这种充满暴力的振动会触碰她的心。她的可塑性极强，所以这些振动对她的影响非常大。她身上有孩子的天性，以自我为中心，简单化的思考方式，会让她觉得“他们吵架都是因为我。肯定是我的错。我表现不好，给他们添麻烦了”。小孩这样想是很自然的，因为她还没有时间观念。对她来说，整个世界在这一刻瓦解了，这让她非常害怕。

第三章

童年时的伤害

看过前面的内容之后，大家应该明白：人在小的时候很容易受到伤害。所以我们一定要理解，是什么造成了我们童年时的伤害？这种伤痛存在于头脑和身体之中，一直由内在小孩承担着。要疗愈伤痛，我们首先要了解自己情绪的创伤。读过这本书之后，结合自己童年的经历，我们就能找到这些影响产生的根源。在详细解释之前，我们可以笼统地说，大多数童年的伤痛来自于以下三个方面：

（1）强烈的负面振动

我们对于强烈的负面振动非常敏感。这些振动可能来自于父母，或是当时所处的环境。例如喊叫、批评、争吵、打斗、羞辱、威胁、伤人的话、被拿来和他人比较、挨耳光、冷战、性侵犯……

（2）缺乏正面的振动

另一方面，缺乏正面的振动也会对人造成伤害。例如感情疏远，漠不关心，缺乏身体接触，都是缺乏正面振动的表现。要知道，孩子要依靠他人，才能满足一切基本的需求。我们需要关注、认可、鼓励，这些需求无时不在。然而，父母并不是一直陪在孩子身边。他们也许会因为心情不好，忽视了孩子的需要。孩子需要父母时刻关注着他们，很容易把爸爸妈妈弄得筋疲力尽。有时候，这种要求似乎太高了，于是父母也会失去耐心，开始为自己考虑，这时，他们也许会责骂，怪罪孩子，甚至将他们拒之门外。

（3）误解

伤痛也有可能来自于我们自己的解读，或是一种局限性思维。比如，放学的时候，下起了大雨，孩子们一窝蜂地跑出教室。爸爸妈妈们早已带着雨伞，在外面等着接孩子回家。但这时，小女孩倩倩一个人孤零零地站在校门口，没有人来接她。她看着自己的同学们一个个地被爸爸妈妈接走，心里很不是滋味。正如之前所说，孩子的想法是以自我为中心的，是简单化的，同时缺乏时间观念。于是，她一边等，一边想："其他同学的爸爸妈妈都爱他们，我爸爸妈妈不关心我，因为我不漂亮。他们都把我忘了。"但事情的真相也许是这样：倩倩的爸爸妈妈也是老师，他们在城那头的另一所学校工作，开车过来要一个小时。终于，爸爸妈妈到了校门口，他们看见自己的女儿在雨中静静等待，心里也很难受。女儿上了车，一言不发。看到女儿这样，爸爸妈妈也许会认为，她今天在学校里过得不开心。于是女儿的误解留在心中，变成伤痛。

孩子是怎么保护自己的

我们出生的时候是赤身裸体的；而我们身处的这个世界，却又充满威胁。孩子们不时会经历强烈的事件，让他们不知所措。一旦这些负面的强烈振动和他们的神经系统接触，就会造成痛苦和不适，使他们难以忍受。这样一来，孩子会很快学会保护自己。我们要知道：小时候在情绪上保护自己的方式，其实被我们保留到了现在，而且还会不自觉地用上。我们在某些情境中所产生的情绪，会触发和童年相似的反应。遇到威胁和痛苦时，我们需要保护自己。

我们情绪上保护自己的方式并未改变，只不过是机械地重复童年的模式。产生某种情绪或是遇到某种情况时，我们总是会以相似的方式做出反应。

下面我们来看看，保护自己的主要方式有哪些：

（1）身体上：肌肉紧张，呼吸变浅。

（2）头脑中：陷入幻想，转移注意力；无视这一刻的事情和感觉，当它不存在，将影响降到最低，试图忘记它。

（3）行为上：避开那些触发情绪的场景；假装事情不是那样；变得暴躁，富有侵略性，攻击别人；孤立自己，远离他人；打心理战，一会儿装成好孩子，一会儿装成坏孩子，以求别人注意；暴饮暴食、沉迷烟酒、纵欲过度，以弥补情绪的缺失；看电视、购物、沉迷网络等等，以此来转移注意力，让自己麻木。

用身体来抵御情绪上的伤害

小时候，我们刚学会走路，一次次地跌倒，又一次次爬起来。跌倒的时候，双手、膝盖和地面的撞击，让我们感到剧烈的疼痛。这时，我们立即收缩痛处的肌肉，甚至用双手按住疼痛的部位，好像痛苦便减轻了。英语中有句谚语："舌头总是碰疼牙。"[10]

我们绷紧肌肉，痛处就变得迟钝，变得麻木了。然而，放松肌肉时，它却会变得十分敏感。

我们身体的某个部位感受到情绪时，就会收缩那里的肌肉，好像把情绪"冻住"了。然而，情绪并不会消失。消失的是对情绪的那种敏感。情绪留下的记忆和能量还存在于身体之中，特别是那些收缩的肌肉中。随着时间的流逝，我们习惯了用收缩肌肉的方式让自己麻木，让自己不受情绪的影响。然而，过去的情绪所引起的紧张感，却留在了肌肉中。过去的情绪能量并未消失，而是卡在了这些身体部位中，变成了持续的紧张感。人的记忆，特别是那些引起强烈情绪的记忆，不只存在于大脑中，也存在于身体的各个部位中。心理学家威廉·赖希将这些部位称作“失联区”。由于不断的压抑，这些部位变得不甚敏感，十分麻木。这些部位就像一层“肌肉盔甲”。这层“肌肉盔甲”反映了人格对于身体动作的影响，它是我们压抑情绪时身体产生的反应。每一种人格，都有对应的收紧肌肉的方式，这是人们在出现情绪时的一种防卫机制。[11]

过去的情绪所引起的紧张感主要积累在这些部位：参与眼部运动的肌肉、颈部的肌肉、肩部的肌肉、肩胛带、胸部的呼吸肌、胸腔部分以及腹部的膈肌。除了这些主要的部位，还有很多其他部位，也直接或间接地参与了“肌肉盔甲”的形成。

你可能已经注意到，有些主要部位是和呼吸运动有关的。如果经常收缩肌肉，养成了习惯，我们的呼吸就会变浅。呼吸变浅之后，我们情绪的强度便会降低。浅呼吸可以帮助压抑情绪的痛苦，忍住愤怒，止住泪水，压制期望。我们可能注意过婴儿呼吸的方式：他们呼吸的时候，整个腹部和胸口都在起伏。然而，我们压制了自己的情绪，形成了“肌肉盔甲”，呼吸的时候就只用胸口呼吸。

参加我课程的很多学员都能找到他们的“肌肉盔甲”。有的是肩部和颈部的沉重感，有的是心里的压迫感，有的好像胸口和喉咙打了结，其他还有胃部的不适、腹部的紧张、臀部收缩，等等。这种感觉也可能出现在背部各处，似乎背部就像一个柜子，里面存满了我们不知不觉避开的那些情绪。

“肌肉盔甲”由一层层过去积累的紧张情绪组成。就算是卡住的能量，也并非完全静止。“肌肉盔甲”处在一种动态的紧张之中。

我们要注意，“肌肉盔甲”中积聚的，并不只有负面的情绪，也有正面的、积极的情绪和冲动。我们还小的时候，我们不可能时时刻刻都将快乐和喜悦表达出来。有些孩子是家里的老大，要帮爸爸妈妈照顾其他的弟弟妹妹，这一点在他们身上特别明显。他们小小年纪，就要挑起家里的重担。他们必须表现得像成年人一样，只能压抑自己的冲动和需求，无法像孩子那样快乐地玩耍。迈克·杰克逊在 2001 曾到访牛津大学，他在演讲中说道：

“我们每个人都是童年的产物，但我却是童年缺失的产物。童年本是一段宝贵的欢乐时光，人们可以无忧无虑地玩耍，但我却未曾经历过。然而，在现代社会中，人们的童年不幸地牺牲了。”“对于我们周围的孩子来说，他们没有体会过童年的快乐，也没有童年应有的权利和自由。今天，人们只顾让孩子快快长大，似乎‘童年’这一阶段充满负担，让人难以承受，巴不得快点离开。”

这层形成于童年和青春期的“肌肉盔甲”，对我们的影响非常大。在我们还小的时候，它保护着我们，使脆弱的我们感觉不到那些强烈的负面情绪。现在，我们虽然不像小时候那样需要“肌肉盔甲”，但还是把它保留了下来。为什么？主要是因为我们形成“肌肉盔甲”时，是出于直觉，而非有意这样做。现在，这种习惯性的紧张仍不断出现，而我们对此却毫无意识。穿着这层“肌肉盔甲”，保持着习惯性的紧张，我们便感觉不到身体内积聚的情绪记忆。小时候，爸爸妈妈也许教过我们怎么上厕所，但当时没有人告诉过我们，如何放下负面的情绪。在“如何疗愈内在小孩”一章里，我们会讲到一些主要的方法。在此之前，我们首先要明白，穿着这层“肌肉盔甲”，我们要付出不小的代价。

保持习惯性的紧张，会让身体消耗不少能量。“肌肉盔甲”会吸干我们的活力。试想，如果我们学着一个六岁大的孩子做动作，他做什么，我们就做什么。他跑，我们就跑；他玩，我们就玩；他唱歌，我们就跟着唱歌。可能不久，我们就觉得跟不上孩子的节奏了，小朋友仍然精神抖擞，而我们早就累得筋疲力尽了。为什么会这样呢？孩子的肌肉没有成年人发达，吃得也比成年人少，为什么他们看起来比我们更精神呢？你不觉得奇怪吗？其实，我们的能量虽然比孩子要多，但很大一部分都用来维持这层“肌肉盔甲”。无意识中被压抑的情绪也消耗了我们很多能量。但这些压抑的情绪大多处在沉睡的状态，所以我们意识不到这一切。这就像一座休眠的火山，表面看来一片平静，但在它的深处，炽热的熔岩积聚着张力，不断向上涌动。

如果无法消化过去的情绪，它们便会成为沉重的负担，将我们的活力耗尽。

“肌肉盔甲”会影响我们的体态。一直压抑自己的人，体态通常比较僵硬：双肩紧缩，动作十分机械，一点都不灵活，更谈不上优雅。

在“肌肉盔甲”中被压抑的活力和情绪能量，会不断地显现出来，除了身体的僵硬之外，还会引起情绪的焦虑。过去压抑的活力和能量越多，我们产生的焦虑就会越多。对不少人来说，焦虑的情绪就好像胸腔、肚子或是喉咙里的一个“结”，是一种不安的感觉。

如果我们压制恐惧、悲伤或愤怒的情绪，让自己麻木，就不可能感受到快乐、兴奋、爱，还有幸福。毕竟，我们的心是一个整体，如果把消极的情绪挡在外面，积极的情绪也就无法进入内心。

为了不受伤害，我们关上了心门，这样就无法感受爱。

没有爱的生活是没有意义的。

有的学员对我说：“我觉得生活没有意义。”其实他们就像在说：“我的心受了伤，它把自己关了起来，关上心门之后，我感到孤单，我感觉不到爱。”

我在课上经常发现：悲伤时不愿哭泣的人，在开心的时候，也无法全身投入，能真正地笑出来。

这层“肌肉盔甲”让我们无法认识自己的真实需求。有时候，孩子们的情绪需求得不到满足，例如缺少拥抱、缺乏赞赏、不被关注，等等。这让我们觉得沮丧，对父母感到愤怒。后来，我们压抑了自己的需求，以此来保护自己。我们不再让别人来照顾自己的情绪需求，尽量让自己变得独立。同时，我们在父母面前收起一切伤心和沮丧，一心做个“好孩子”。我们压抑自己的需求，就会与自我失去连接，与自己的需求失去连接，这是沉重的代价。

要活得充实，活得幸福，我们就必须了解自己深层的需求，并且努力去满足。

人类真正的需求是简单的，自然的。在现代社会中，我们制造了太多虚假的需求，在麻木中获得所谓的满足感，这就是与自我疏离的过程。

对于内在小孩来说，“肌肉盔甲”是一座监狱。我们压抑的能量越多，“肌肉盔甲”就越僵化。“肌肉盔甲”越僵化，内在小孩的快乐、灵活性、创造力就越得不到发挥，她就越难与自己的核心和本质相连接。

如何用头脑保护自己，使自己不受情绪的影响

每一次经历强烈的事件，我们的头脑都会自动将其记下来，并加以处理。如果经历了极端的场景，例如地震、战争、不幸的事故等，那种创伤会不断地重现，它们会变成眼前闪过的画面，或是夜晚出现的噩梦。

我们前面讲过，孩子产生负面情绪时，会收缩相应的部位，并且屏住呼吸，用这种方法来保护自己。另外，我们还有一种办法，就是转移注意力，使自己避开情绪的痛苦。虽然回忆会不断出现，但我们却对自己说：“什么都

没发生”，“我不知道发生了什么”，或是“是有这样的事，但没什么大不了”。我们就是用这种方式掩盖自己的痛苦。随着时间的流逝，我们将痛苦的回忆从意识中剔除，丢进无意识的头脑。我们努力避免痛苦的回忆，拼命让自己想美好的事情。我们用幻想的方式在头脑中创造一个理想的世界：有人无条件地爱着我们，从来不让我们失望。在某个年龄段中，我们还会把这些幻想投射在其他事物身上：洋娃娃、玩具熊、宠物、无形的朋友、漫画、故事里的人物，等等。

我们的身体会体验情绪的伤痛，这种体验越多，就好像和头脑靠得越近。我们不断转移自己的注意力，思考越来越多，感受越来越少。在我们的头脑中，我们可以置自己的情绪于不顾，学会了超越自己的情绪。我们生活的方式、说话的方式，就好像让头脑移开身体，在一米远的地方漂着。我们将自己和情绪拉开了一段精神的距离。这样一来，脆弱的内在小孩就被藏了起来。

这和我们所接受的教育也是一致的。许多家庭中有这样一种潜规则——不要去感受，不要去谈自己的感受。产生情绪，表达情绪，会被认为是一种软弱。我们所受的教育，一直在培养理性的思考和行为。我们一直在忽视自己的感受，几乎要把这些感受当作自己的敌人，觉得它们在阻碍自己的进步。幸运的是，得益于许多心理学专家、教育专家的不断努力，世界各地的教育系统都在慢慢地改变。现在，我们正不断发展自己处理情绪的能力，把情绪当作一种重要的信号，为我们的成长提供宝贵的资源。

控制自身的行为，在情绪上保护自己

孩子们对于爱的需求，和他们对于食物的需求一样。他们需要人们的关注，才能感受自身的价值。两三岁的时候，他们就知道如何获得别人的关注；他们会用特定的行为，来显示自己对父母的重要性。

有些孩子从父母身上得不到爱，变得非常绝望。他们不断地努力，想获得爸爸妈妈的关爱，但换来的却大多是批评、责骂，甚至殴打。对这样的孩子来说，他们不仅学会了吸引父母的注意和关爱，还学会了如何避开批评、责骂和殴打。

无论是为了获得爱，还是为了避开伤害，孩子们都会不断用各种行为、态度以及存在的方式来试探，看这些策略能不能引起别人的注意。获得了别人的注意，他们才觉得自己获得了生命，受到了认可，得到了爱。他们会不断尝试各种策略，最终找到最有效的方法。从那一刻开始，他开始感到一种力量，觉得自己能够获得自己想要的东西。

孩子所扮演的角色或是使用的手段，主要有三种：

（1）好孩子

这样的孩子会认为：我要守规矩，不要抱怨。在家里，要帮爸爸妈妈做事；不要惹麻烦；要对自己负责。这样爸爸妈妈就会对我笑，奖励我，表扬我。同时，他们也会努力不惹父母生气，避免他们的批评。

（2）叛逆型

这样的孩子会认为：就算我当个好孩子，爸爸妈妈也不会满足我的要求。我要变得叛逆，我要让他们知道：他们错了，我才是对的。只要我出问题了，不听话了，爸爸妈妈就会关注我。我就是要他们担心我，因为他们担心我的时候，至少会想到我。不管怎么说，孩子们需要的是关注。得不到正面的关注，他们就会用负面的方式寻求关注。这就好比一个人饿了，但面前只有些不那么有营养的东西，后来饥饿占了上风，他还是吃了下去。

（3）孤僻型

这样的孩子会认为：爸爸妈妈让人信不过，他们总是让我失望。我不再求他们爱我了，我要独立。如果我不需要他们，那我就不会这么脆弱了。如果我和他们在感情上保持距离，他们就不会伤害我了。孤僻的孩子喜欢独处，喜欢待在别人看不见的地方。他对家庭没有太多的感觉，缺乏归属感。

小时候，我们都或多或少地用过这三种手段。有些时候，比如在学校里，和朋友在一起，或是和爷爷奶奶在一起，我们会偏重其中某一种。如果有哥哥姐姐，我们就会倾向于扮演和他们不同的角色。如果一个孩子非常听话，他的弟弟妹妹可能就十分叛逆。

要和其他兄弟姐妹竞争，赢得父母的关注和爱，就要凸显自己的特别之处。

早年曾被父母抛弃的孩子，倾向于扮演“好孩子”的角色。家里面有几个孩子的，最大的那个孩子很可能也会变成“好孩子”。不过也有例外。有些

孩子生来就具有强健的体格，这样的孩子可能会变成“叛逆型”。有些孩子喜欢运用头脑、想象力、推理能力，他们可能会扮演“孤僻型”的角色。当然，这些只是一般的倾向，不能一概而论。

我们一定要弄清楚，自己为了争取父母的关注和爱，扮演的主要角色是什么。我们其实一直在使用这样的手段，不仅是为了得到父母的爱和认可，也是为了从爱人、孩子、朋友、同事、社会得到爱，获得认可。例如“好孩子”长大之后，可能会以各种方式不断取悦父母：取得成功，对家庭负责，经常去探望他们……而“叛逆型”的孩子长大之后，会倾向于坚持自己的生活方式；他们在和别人讨论问题时，总会尽力证明自己对，而其他人错；别人表达观点时，他们总是要提出反对意见。“孤僻型”的孩子长大之后，会习惯于独处，在情绪上和别人拉开距离，不断学习他感兴趣的知识，喜欢分析问题。

小时候，我们都会用最有效的手段赢得关注，并保护自己。这三种手段中的任何一种，我们都可能用过，但人的本质并不会受这些角色所限。不过，假以时日，当所用的手段成为习惯，我们就不再觉得陌生，误以为这种角色就是自己。这时，我们不会认为“我要用上好孩子的手段，才能得到我想要的东西”，而是会觉得“我就是好孩子。这就是我”。

童年的策略成了机械的习惯。我们把自己的角色固定了下来。

要理解人的一生，首先得了解他小时候在家里用过的手段。在其后的一生中，这些手段可能日趋复杂，但核心的部分不会改变。

我们留恋于自己惯用的手段。在无意识中，我们会觉得，如果放下它，自己会变得脆弱无助。它其实是一种保护，所以我们不肯放开。想象一下，如果照着自己惯用的手段相反的方式行事，是不是会感觉有些不安，有些担心，害怕产生不好的结果？

从童年时起，我们就戴上了一副面具。长大后，我们错误地认为，这副面具就是自己。

我们把童年时的面具当成了自己。久而久之，这张面具成了我们的一座牢狱。我们的反应变得十分机械，渐渐僵化，不再出于自愿；我习惯了取悦别人，难以开口拒绝；或者，我变得十分叛逆，不再谈及自己的感受；我们失去了原有的灵活和自然。就像强颜欢笑，只为取悦他人，哪还有什么清新和美丽。

生活环境不断变化，我们必须更加灵活。每个人都可以朝着各个方向发展，不必局限于某一个地方。有些时候，我们不要抱怨，要接受现状；有些时候，我们要提出异议，坚持自己的选择；有些时候，我们要学会独处，享受一个人的快乐。

孩子博取关注的手段

我们现在来看看，孩子为了赢得关注，会使用哪些具体的手段：

(1) 争当第一

有的孩子在学校里成绩好，经常受表扬。他觉得，自己就该是全班第一。如果哪次考试成绩不理想，他就会十分焦虑。也许为了保持“自信”的形象，他表面装得很镇定，但内心却惴惴不安。如果有哪位同学和他分数差不多，他就觉得不舒服，一定要争个高下；之所以产生这种焦虑，是因为那位同学在他眼里是一种威胁。在无意识中，他觉得自己从老师、从父母那里获得的赞赏，都岌岌可危。必须得考到全班第一，才能获得他们的关注和喜爱；必须得考到全班第一，才能显得自己与众不同。

（2）天生丽质

她生来就长得漂亮，以此来吸引别人的注意。谁见了都会多看两眼，大家都喜欢她。她穿得鲜艳夺目，生怕人家忽视了她的美丽。每天，她都会坐在卧室的镜子前，认真地梳着每一根头发，衣服试了一套又一套。自打小时候起，她就喜欢摆弄各种各样的化妆品，总想着以后能当个明星，拿个选美冠军什么的。如果班上另外一位同学也很漂亮，她心里就不是滋味。周围漂亮的人越多，她就越觉得自己普通。

（3）博学多才

他知识渊博，经常受到别人的称赞。在他看来，和朋友聊天的时候，必须得让人知道，自己懂得很多。他觉得，自己应该不断读书，不断学习，了解得越多越好。就算是他不感兴趣的知识，也要去了解。例如朋友聊起红酒的话题，就算他并不喜欢红酒，他也要显示自己比朋友懂得多。这种人拥有惊人的记忆力，很多人成了知识分子、教授、作家，等等。

（4）受人欢迎

他很“酷”，很潮，很聪明，大家都喜欢他。他身上的优点很多，长得好看不说，穿着也时尚，还特别有魅力。在学校里，大家会选这种人当班长，同学们都羡慕他。

（5）引诱他人

对于这一类人来说，如果有人喜欢她、羡慕她，她就会感到自己的价值。和天生丽质的人不同，这一类人会主动“引诱”别人，吸引他人的注意。“引诱者”并不一定是班上最漂亮的学生，但她会主动出击，征服她引诱的对象，使别人喜欢她。对于天生丽质的人来说，她们只需要展示自己，但“引诱者”不同，她们会卖弄风情，引人注意。在她们心中，自己的价值来自于勾起别人对她们的渴望；一旦征服了自己的对象，她们就会转向下一个目标。

（6）依赖父母

有些孩子过度依赖父母，其实是靠这种办法来获得关注。有时候，父母会觉得孩子永远也长不大，处处都需要照顾；一旦孩子独立了，不需要他们照顾了，就觉得很害怕，很孤单。对于有些父母来说，他们的内在小孩就很孤独，这种孤独感由来已久。为了不让自己空虚，他们总希望有家人陪着。成为“空巢老人”之后，他们会变得更加痛苦。孩子越依靠他们，他们就越充实。孩子也明白，他需要照顾的时候，父母会重视他们，会觉得快乐；所以，他们什么都和父母讲，一切都要他们出主意，连自己的功课都要父母帮忙完成。

（7）扮演受害者

有些孩子不断地抱怨，说自己有多么痛苦，以此来获得父母、朋友、老师的重视；他们总是显得很“无力”，这很容易引起注意。这种“受害者”总是夸大自己的痛苦，把原因归咎于别人，总觉得自己受人歧视。他们总是说：自己命不好，生活对他们不公，觉得自己拉了家里的后腿；他们觉得生活无望，十分悲观，经常处在抑郁之中；他们认为自己很可怜，也希望别人觉得他们很可怜，用“可怜”来代替爱。

（8）照顾他人

有些孩子为了帮助父母，甘愿做出牺牲。他们很小的时候就挑起了生活的重担，像个“小大人”。他们放弃了玩耍的时间，照顾兄弟姐妹，帮父母做家务。他们长大之后，特别能体会别人的需求，并且尽量满足，让别人开心。他们会为家人做菜，给他们买东西，听他们倾诉，让他们高兴。这样的人总是有求必应，从来不会拒绝别人。他们总是专注于满足别人的需要，而经常忽视自己的需求。成家之后，他们的伴侣也总是依赖他们。时间一长，这类“照顾者”也许会对另一半产生恨意，因为他们所付出的比得到的要多得多。

（9）惹是生非

有些孩子喜欢和父母对着干。他们不专心学习，每次考试都不及格；他们打同学，甚至对父母动手；他们说脏话，经常惹事，以此来表现对家庭的不满，引起别人的注意。我注意到，中国有许多父母事业很成功，但他们孩子成绩却不好。这些父母忙于工作，和孩子相处的时间很少。这样的孩子承受着来自家庭和社会的双重压力。人们都盼着他和父母一样有出息，这种期望压得他喘不过气来。他们觉得，制造一些麻烦，反而能够得到父母的关注。于是，他们假装自己一事无成，让父母为之担心，并且感到内疚、尴尬。这样一来，父母开始找老师谈话，帮助孩子学习，和孩子在一起的时间也多了。这其实是在鼓励孩子扮演“失败者”的角色。现在，孩子终于把忙碌的父母拉回到自己的身边。他们会继续制造麻烦，吸引父母的注意，让他们不断为自己担心。问题在于，时间一长，“失败者”就不再是一种获取关注的手段，而是变成了一种身份。这个孩子也不再演戏，而是对自己的身份习以为常了。

（10）扮演“开心果”

这一类孩子喜欢逗人开心，并以此来体现他们的价值。他们很会讲笑话，模仿名人的动作。他们看起来很聪明，总是成为众人的焦点。每个班上都有这样一个“开心果”。

（11）体弱多病

有些孩子在年幼时得过重病，于是在无意识中形成了这样的观念：我病了，爸爸妈妈就会更爱我。也许，她一生病，妈妈就会抱着她，讲话也更柔和；爸爸也不再批评她了，而是给她讲故事。这样一来，孩子就不自觉地形成了一种心理趋向，让自己变得体弱多病。

（12）心不在焉

这一类孩子会逃离现实，躲在幻想世界中。在现实生活中，父母成天吵架，或者不让孩子玩耍，只能做功课，做家务。于是，孩子渐渐与人疏远，只活在自己想象的世界中，幻想出自己喜欢的东西。

（13）充当“拉拉队长”

这种孩子看起来很开心，人们都喜欢他，被他身上积极乐观的情绪所感染。他们大多性格外向，天生就乐呵呵的。然而，就算哪天过得不开心，他们也得强装微笑，保持乐观。因为似乎只有这样，人们才喜欢他。他们害怕被人疏远，所以很难流露出悲伤。

（14）追求完美

这一类孩子什么都要做到最好，觉得这样才会被人接纳，被人喜爱。他们对自己要求很严格，不达到心里的标准决不罢休。他们一定要把东西摆得整整齐齐，感觉才舒服。然而，完美主义会扼杀人的自然天性。通常来说，这样的孩子父母中的一方非常严苛。

（15）统治他人

这一类孩子显得非常强壮，从来不露出自己脆弱的一面，以此来保护自己。他们运用自己的力量保护弱者，好让自己看起来更强大。他们喜欢在团队中担任领袖，如果要和大家一起做决定，他们总是第一个站出来。当他们的力量受到挑战甚至威胁时，他们会毫不犹豫地反击；对于不喜欢的人，他们总是毫不客气地提出批评。

（16）沉默顺从

这类孩子为了保护自己，从不惹事，凡事尽量自己完成，也不随便开口说话。他们的家长总是说“这是个乖孩子，他从来不哭”。于是，他们便觉得自己要“乖”，才能获得爱和关注。要“乖”，就不能抱怨，就要听爸爸妈妈的话。他们很懂礼貌，从来不顶嘴，还特别会讨好别人。

（17）追求成就

这种类型和“班上第一”有些相似。这样的孩子会用自己的才能赢得父母、社会的认可。他们在运动、音乐、表演、写作等方面很有天赋。他们喜欢受人仰慕的感觉。在表演的时候，总是希望听到别人的称赞：“哇！”“太棒了！”“你真了不起！”长大后，他们喜欢追逐成功，很容易变成工作狂。不管在事业上取得多大的成就，他们总觉得不满足，还想更上层楼。对他们来说，只有受人仰慕，才有被爱的感觉。

（18）扮演调停者

有些孩子喜欢当和事佬，爸爸妈妈、兄弟姐妹吵架了，他们总是第一个出来劝。这样的孩子善于讲道理，说好话，让人高兴。他们害怕争吵，所以要尽力维持和平。

（19）充当妈妈的“小男生”

在有些情况下，孩子很容易成为妈妈的“小男生”。比如父母离婚，或是妈妈和爸爸感情疏远。这样，孩子会听妈妈倾诉，帮她打理家务，为她担当丈夫的角色。儿子为了得到妈妈的爱，就不能让她感到孤独。所以，他变成了一个“小大人”，支持着妈妈。他担起生活的责任，比同龄人更显成熟。有些父亲沉迷于赌博、酗酒，对家庭不管不顾，生活的担子全落在母亲身上。这样，儿子就很可能主动承担一部分责任，以此来换取妈妈的爱。

（20）成为爸爸的“小公主”

有些父亲喜欢把女儿宠着，把她当成自己的“小公主”。孩子为了得到爸爸的认可，也学会了扮演这样的角色。她们喜欢打扮自己，说话甜美，充满淑女气质。有时候，女儿会不自觉地和妈妈争宠，希望爸爸关注她，喜爱她。时间一长，她对此已经习以为常。长大后，她们也希望丈夫能够像爸爸一样宠着她，欣赏她的美丽。

孩子会用很多手段来掩饰自己的脆弱，获得别人的爱。上述的例子只是其中的一部分。孩子会使用各种方式来满足自己的需求，其手段之丰富，创造力之强，几乎超越我们的想象。

练习：满足自己所需的惯用模式

从上面提到的例子中，选出三种你童年时主要使用的手段：

（1）________________

（2）________________

（3）________________

要记住，这些手段无关对错。它们是你小时候的一些尝试，只是为了实现自己的渴望。对于这些手段，我们应该心存感激，因为它们曾经帮助过我们。

这些手段在当下的生活中是如何体现的？可以思考一下这个问题。要把这个问题回答好，你得从这个角度去观察自己每日的生活。请注意，这些手段的形式也许变得更为复杂，但它们的根源并没有变化。在现在的生活中，你还在运用这些童年的手段吗？

____

____

____

____

____

现在，你的这些手段仍然在起作用。作为成年人，我们常常会产生与童年时期非常相似的行为和感受。这些手段在童年时也许有效，但现在已经过时，因此会让你痛苦。有人在工作上总要争第一；另一些人觉得自己没有归属感；还有些人喜欢照顾别人，却总是忽视自己。时间一长，这些手段就成了习惯，不断重复，形成下意识的反应。周围的人也习惯了你的方式，知道你下一步会做什么。我们有时会说“这就是我”，但这其实不是我真正的样子，而是我为了达到目的所采取的手段。这样的自我保护是一种限制，就像城堡的高墙，虽然是对王子的保护，但如果王子不走出城堡，高墙就变成他的牢笼。

无论扮演哪种角色，我们都需要压抑自己身上与这种角色相反的那一面。比如，“照顾者”为了帮妈妈做家务，就要压抑自己爱玩的天性；扮演“受害者”的孩子需要压抑自己的快乐和满足感；“沉默型”的孩子需要压抑自己对于别人关注的渴望。不难看出，我们压抑的，不只是让人不快的经历，也有许多美好的感觉和冲动，只是因为角色所限，我们无法表现出来。我们拒绝了部分过去的经历，而这部分却在头脑中不断地积累。

练习：你在哪些方面否定自己

思考一下这个问题：小时候，为了运用上述手段，得到自己想要的东西，你不得不拒绝、否定、压抑自己的哪些方面？例如幽默感、爱玩的天性、快乐、力量、激情、懒惰、悲伤、轻松、天真、真实、愤慨、怒气，等等。

____

____

____

____

____

被遗弃的脆弱的内在小孩

为了保护自己，我们将脆弱敏感的内在小孩藏在面具背后，把痛苦和恐惧丢进头脑深处，把羞耻和愤怒从意识中剔除。这样一来，我们的头脑便分成了两部分：一边是我们接纳的，另一边是我们否定的；一边是可以表达的，另一边是只能隐藏的；一边是要引人注意的，另一边是要尽力压抑的（否则会遭到批评或抛弃）。拒绝了一部分内在的体验，我们就形成了自己的无意识。

我们把这个脆弱的内在小孩锁在无意识中，把她一个人关在那，关了许多年。时间太久，我们几乎要忘记她的存在。然而，无论我们把她藏得多深，她都是我们内在世界的一部分。

我们让自己麻醉，感觉不到过去的痛苦和恐惧。但它们依然存在。

因此，任何一段内在旅程，无论是教练技术、心理疗法，还是冥想练习，第一段路都像一座山谷，一座“悲伤之谷”。我们一开始就要“深入谷底”。

如果我们踏上了一段真正发现自我的内在旅程，首先就要找到那个脆弱的内在小孩，经历那些过去隐藏和积累的感受。我们要全然地体验这些感受，全然地打开，将它们安放在自己心中，让它们慢慢在心底消融。

直觉告诉我们，内在旅程的第一段就是下坡路，我们会进入“悲伤之谷”。因此，许多人会抗拒，不愿踏入。然而，如果不穿过这座山谷，不去发现、疗愈内在小孩，我们就看不到山顶的风景，也无法发现自己的天性。

“悲伤之谷”似乎永无尽头。我记得，有位老师告诉我，他当时连着哭了几天，停不下来。但这是一种疗愈的哭泣，让所有的悲伤在心底消融。

内在小孩藏得越深，她对我们的生活影响就越大。我们拒绝脆弱的内在小孩，就是把自己的一部分当作“敌人”。

内在小孩是我们的动力之源，快乐之源。拒绝自己的内在小孩，我们就失去了原有的快乐和激情。

内在小孩遭到了拒绝，便会感到愤怒。我们把她锁在深处的囚室里，她猛敲着房门，大声呼救。许多年以来，她一直这样被关着，没有人注意她的感受。她的愤怒变成了绝望和悲伤。她不断以各种形式显现出来：焦虑、紧张、乏味、孤独……对她来说，没有爱，生活就失去了意义。无论我们做什么，她都不会配合。她失去了理性，十分孩子气，让我们冲动的行为不断重复。她就像一头野兽，一直被关在笼里，生活在恐惧中，变得难以驯服。

内在小孩和无意识头脑

这个被关起来的内在小孩，代表着心理学家们所说的“个人无意识”，里面包含了许多我们小时候狭隘的想法。这些“限制性信念”还在头脑中不断重复，比如“我不够好”，“我有点不对劲”，“我很弱小”，“没有人信得过”，“得不到父母的认可，我就一无是处”，“如果别人看到我真正的样子，就不会喜欢我了”，“我命不好”，“我不值得拥有这么多”，等等。这个内在小孩身上，积压了很多正面和负面的情绪，还有本能的冲动。小时候的我们，无法感受这些过于强烈的情绪和冲动，或者因为当时的角色所限，并没有全然地体会。

自然的情绪：愤怒、恐惧、快乐、悲伤、伤痛、兴奋……

本能的冲动：玩耍、打斗、自卫、表达情感、性吸引、庆祝成功、休息、睡觉……

小时候，我们心里会有一个完美的形象。我们心想，如果将来自己也能变成那样，一定会受人喜爱，被人崇拜。

小岳是个十几岁的少年。他看了“詹姆斯 · 邦德”系列电影之后，就把007 特工当作自己的偶像。他为了和 007 一样，把自己打扮得很成熟，练出一身肌肉，显得很自信，很勇敢。但与此同时，有一些情绪，例如恐惧、不安，则被他视作“敌人”。他否定这些情绪，假装它们不存在。他把这个受惊的内在小孩贴上“禁闭”的标签，把他深藏在无意识中，远离了自己的觉知。如果某种事物远离了我们的觉知，那我们就会感觉不到它的存在。然而，它依然存在，并且影响着我们。在这个故事中，小岳为了成为詹姆斯 · 邦德那样的人物，压抑了自己的恐惧和不安。但这些情绪会突然表现出来，而且程度更为强烈。也许某一天，他正要对着全班同学讲话，突然觉得无比恐惧，好像心里有个结，让他非常难受。

我们在前面的故事中可以看出，就算把这个脆弱的内在小孩关起来，她也会从头脑深处冒出来，进入我们的生活。这个脆弱的“内在小孩”，或是“个人无意识”，会在我们的梦里不断显现，影响我们的选择，变成情绪的反应、身体的紧张和不断浮现的念头和画面。这个脆弱的“内在小孩”，对我们的头脑有着极大的影响。意识头脑和无意识头脑相比，十分渺小。如果说无意识头脑是一片湖，那意识头脑只不过是湖面上的一叶扁舟。

我希望这本书可以帮助人们更好地了解无意识头脑的运作方式。无意识头脑并不是要和我们作对，相反，它会帮助我们发掘自身的潜力，丰富我们的生活。无意识头脑运行的法则和意识头脑不同，内在小孩的运作方式和成年人也不一样。男人经常说："女人就像个谜，怎么也弄不懂。"事实上，男人无法理解女人，是因为他们觉得女人的想法、行为都应该和男人一样。其实，女人理解事物的重点不同，方式也不同。如果男人懂得这一点，那就能站在女人的角度看问题，从而真正地理解她们。

同样地，如果用理性的知识去分析无意识头脑，我们也无法理解它。无意识头脑是非理性的。内在小孩可能同时产生两种对立的想法："我很能干"和"我很无助"，或是"他爱我"和"他不关心我"。和意识头脑不同，在无意识头脑中，这两者可以共存，并不矛盾。对于内在小孩来说，两者都是真相。

无意识头脑中，有很多压抑的情绪和冲动。它们也许来自生命的不同阶段，有的十分活跃，有的则处在沉睡的状态。如果它们处在沉睡的状态，我们就意识不到。就像冬眠的熊，整个冬天都蜷缩在洞里，我们在外面是看不到它的，似乎它根本就不存在。如果我们开始思考，或是发生了某个事件，这些压抑的情绪和冲动就会被激活。突然迸发的情绪会让我们感到不安。请看下面的例子：

小芳小的时候，父母把她送到爷爷奶奶家住。现在，她已不记得当年的情绪。但在那时，她觉得父母抛弃了她，这种情绪十分强烈，让她非常难受。她拼命地压抑，于是这些情绪一直堵在无意识中，到今天也没有排解。

有一天，她老公下班回来了。他告诉小芳，自己要去非洲出差，管理公司的一个项目，三个月后才能回来。小芳听到这个消息，她“被抛弃”的这种情绪一下子被激活了。她突然觉得老公要抛弃她，来自内在小孩的强烈情绪突然升起。虽然她没有表现出来，但内心已经五味杂陈。老公也感觉到她情绪的变化。这时，小芳开始责怪他：“你一点都不关心我。”这个念头来自于她曾经受伤的内在小孩。爸爸妈妈把她送走时，她还是个小女孩。她那时就觉得“爸爸妈妈不关心我”。

老公听了她的话，有些不知所措，想要解释清楚。这时，他正在用理性的头脑思考，所以会觉得妻子的反应不可理喻。过了一会儿，小芳觉得自己不对，不该那样对他说话，于是开始责备自己，怪自己孩子气。

内在小孩无法用复杂的思想沟通。对于内在小孩，也就是“无意识头脑”来说，她使用的沟通方式包括符号、梦境、幻想、感受、情绪、简单的话语。有些符号是人人都能理解的。例如水代表情绪，山代表困难，篱笆代表障碍，平地代表轻松，等等。有些符号带有文化内涵，如龙、十字架、旗帜等。还有一些符号只有自己才能理解。例如孩子被妈妈用拖鞋打了一巴掌，对他的内在小孩来说，拖鞋就代表“惩罚”。

内在小孩也会用简单的想法沟通，这些想法通常带有一定的情绪，例如“我爱你”，“我需要你”，“我很好”，“我不好”，“是的”，“不是”，“对”，“错”，“这是我应得的”，“我配不上”……

有些梦会不断出现，这其实是内在小孩有话对我们说。这些梦是由符号、感受、情绪所组成的，是主观世界的体现，反映了我们对于人和事的体验。如果一个人生活很奢华，但心里却十分空虚，那他或许会在梦里看到灰暗、贫穷的画面。如果我们周围都是人，但内心却感觉十分孤独，那在梦中也许会看到自己孤苦伶仃的样子。经常在梦里看到的人，也许对我们自己会有某种启示。他们就像镜子一样，映射出我们自己身上的某些方面，或者体现了我们和梦里这个人之间的关系。

和无意识头脑相连接，就能找到头脑中一片强大的秘密地带。我们的头脑就像一座冰山，意识头脑只是冰山一角，而无意识头脑则占据了冰山的绝大部分。无意识头脑中充满了未知的内容，但似乎又并不陌生。

无意识头脑中充满了回忆、未经处理的情绪、信念、压抑的冲动、梦境、符号、潜能、潜力……

无意识头脑既奇妙，又让人恐惧。荣格曾将其称作“阴影”。他在《心理学与宗教》[12]一书中曾说：“每个人都有‘阴影’，这种阴影在意识生活中体现得越少，它就越黑暗，越浓密。”这种“阴影”就是我们失去连接的那部分，是我们不愿接纳的那部分，是我们还没点亮的那部分，是我们视而不见的那部分。

如果我们对自己的刻录和模式毫无觉知，那它们就会留在我们的“阴影”中。

投射是阴影的一种极端表现，包括个人投射和集体投射。我们对自己的某些方面不满意，或者不甚理解，于是很容易把它们投射到别人身上；一群人将自己的偏见投射在另一群人身上，这样的事情也不鲜见。荣格曾说过：“我们身上有许多自己不愿正视的邪恶和缺陷，但我们却将它归咎于他人。”[13]如果一个人小时候觉得自己遭到遗弃，他就会把这种情绪投射到他人身上。如果我觉得自己不够好，我就把这个世界分成两部分：一部分是好人，一部分是不好的人。正如佛陀在其教诲中反复强调，世人看不到事实的真相。阴影挡住了我们的眼睛，使我们无法感知当下的真实。

一定要记住，我们有时会把一种特质投射到别人身上——例如“富于攻击性”——但这并不一定意味着他们真的会攻击人。关键在于，我们并不能总是只看别人做了什么，而同时也要考虑自己在做什么。我们是否在头脑中将事情夸大，并加上了自身的解读？

内在小孩用幻想补偿自身的不满

如果你的头脑中出现了幻想，说明内在小孩正在告诉你：她对生活中这一方面不甚满意（例如健康、金钱、关系、爱好、性，等等），需要通过幻想来弥补。我们对一件事越是不满，我们就越会把它想成另外一副样子。如果我们感到饥饿，就会想象各种各样的美食；如果我们对自己的工作不满，就会想象自己在做另一份工作；如果我们远离自己所爱的人，我们就会想起他 / 她。内在小孩用幻想来补偿不满。相反，如果我们越满足、越快乐，我们就越不需要幻想。

内在小孩受到压力，就一定要寻找释放的出口

虽然我们都有一定的防护机制，但对于脆弱的内在小孩来说，生活中的事情还是会激起痛苦的记忆和情绪。和爱人吵架、被老板批评、失去心爱之人或心爱之物，或是晚上的噩梦、生意上的失败，都可能会冲破我们的保护层，勾起那个内在小孩的痛苦。随之而来的是极度的孤独、难以承受的痛苦、难以名状的悲伤，还有深深的羞耻。这时，一系列保护机制迅速跳出来，让我们将注意力转移到其他地方，去寻找各种刺激和感官的愉悦，压过这些伤痛。胃口、欲望、冲动如野马脱缰一般，不断地涌出来，淹没了受伤的内在

小孩。为了缓解压力，掩盖情绪的伤痛，我们产生了各种各样的放纵行为：疯狂购物、一睡不起、暴饮暴食、吸烟、纵欲、埋头工作、赌博、酗酒、滥用药物……我们的无意识头脑会抓住一切可用的资源，迅速地寻找出口。

这些防卫机制来得十分剧烈，它们源自人的冲动，只能提供一时的出口，并且不受控制，毫无休止。也许这是一种快速的疗愈方式，但却容易使人上瘾，对当下的生活造成负面影响。

无意识头脑感到压力的时候，就会变成一头难以驯服的野兽。它会做出冲动的行为，寻求快感或平衡。它完全跟随自己的冲动，并不会考虑道德的因素。如果我们感到压力，无意识头脑就会迅速寻找释放压力的出口，无论是否合乎道德。吸烟、暴饮暴食、暧昧的关系、无节制地上网、拖延症……这些都是释放压力的出口。无意识头脑不会考虑这些行为的结果是否有益，是否会伤害他人，它只顾满足那一刻的欲望，要的是痛快和速度。很多行业，例如烟草业、赌博业、色情业等，都利用了这种弱点，赚了数以亿计的钱。

大约三岁的时候，我们心中的“内在批评者”就开始形成，它的作用是压制冲动。“内在批评者”是个内心的声音，告诉我们应该做什么，不该做什么。它可以为我们提供保护。它知道，如果我们硬要及时行乐，就无法实现自己的目标。如果我们任凭无意识头脑摆布，寻求即刻的满足，那就会做出傻事，不仅伤害自己，也会伤害他人。有两种防卫机制：冲动和“内在批评者”，它们是一对矛盾体。冲动的行为，可以掩盖痛苦的情绪、忧虑、让人难过的回忆。但随之而来的是“内在批评者”，发出批评的声音，让我们为贪吃、外遇、拖延、吸烟等冲动的行为感到羞耻。个人成长的过程中最根本的一点，就是要正确处理这两者的关系，让它们和谐相处。我们一定要明白：两种防卫机制都是为了我们自己好。我们首先要接纳它们，再对它们重新评价，并把它们引向正确的方向。我们要接纳自己的无意识头脑，并用有意识的部分驯服它。本书在“第十二章如何爱自己”中，给出了一些建议和练习，帮助我们建立内在的和谐。

第四章

刻录——头脑中最深的印记

无意识头脑就像一片田地。一次强烈的事件，无论是好是坏，都会在这片田地上挖出一条沟。事件越是强烈，这条沟就越深，也越宽。下雨的时候，雨水会从这些沟里流过。同样地，现在当我们产生情绪的时候，感受也和当初事件发生时一样。对于这些强烈的事件、创伤，以及对童年造成重大影响的经历，我们可以把它们称作“刻录”。刻录就像在头脑中犁出的一条条沟，是内在小孩经历过并在他们身上留下印记的事件。小时候，我们都经历过各种强烈的事件，有开心，有恐惧，也有伤痛。刻录包括正面和负面两种。负面的刻录就是我们常说的“创伤”。

我先用两个自身的例子来说明什么是“刻录”。先说正面的刻录。那时候我还很小，大约三四岁的样子。有一天，外公陪着我在他的花园里玩，花园里有棵柠檬树，我们一起坐在树下的长凳上。突然，他对我说：“来，我们进行一次男人之间的谈话。”他语气中带着慈爱，我虽然不懂他说的话，但能体会到那种爱的振动。我感觉自己很受重视。这件事情深深地刻在了我的无意识头脑中，让我难以忘怀。

我负面的刻录是关于父母的。我六岁的时候，爸爸妈妈离婚了。妈妈离开了家，留下我、哥哥和爸爸一起住。我记得很清楚，当时妈妈告诉我们，她要离开了，不过不会搬出这个城区，所以我们还是可以经常去看她。但是，对于一个六岁的孩子来说，哪怕妈妈只是离开这个家，也是难以承受的消息。我感到震惊和恐惧，但是并没有表现出来。和任何一个被遗弃的孩子一样，极度的恐惧和悲哀让我感到全身麻木，无法动弹。

有些刻录属于“缺失的刻录”，比如被人忽视、失去关爱、无人照顾，等等。这些经历让我们感觉被遗弃、被拒绝。我们会发现，自己不可缺少的东西被人夺走，但自身还有一部分仍在等待，希望某一天能够得到补偿。

有一些其他的刻录属于“过度的刻录”，比如受人侵犯，被人控制、批评、打骂、强求，等等。虽然事情已经过去，但我们身上有一部分仍处于愤怒的状态，并且对自己、对照顾自己的人怀有恨意。

每一次经历重大的刻录之后，我们就会有一部分保持在那个年龄的状态，不再长大。有些孩子曾被遗弃、拒绝，或是缺少身体的接触，他们的某一部分就会卡在这个时间点上，希望某一天能得到当初缺失的东西。有些孩子曾被打骂、批评，或是目睹了暴力的场景，他们的某一部分就从那时起被保护起来，不再变化。所以，我们会发现，自己的内在小孩会以不同的形象、不同的年龄呈现。每一种形象都告诉我们，我曾经在这个年龄经历过重大的刻录，于是我的某一部分不再长大，而是一直保持这个年龄的状态。

发生了重大的刻录之后，当时的每一个细节都会留在无意识头脑中。我们可能还会记得当时人们的表情、说话的声调、带着情绪的话语、四周的声音，甚至还能记得某种气味，身边的物件、家具，等等。

根据我们之前所说的原因，刻录发生得越早，对无意识头脑的影响就越强。童年的我们处于打开的状态，非常敏感，可塑性强，需要依靠。我们思考的角度有限，这会让恐惧和伤痛更深。在成年之后，我们仍然会经历各种强烈的体验，但由于我们产生了心理的保护层，这些刻录的影响就不如童年时那么强。除非某次经历异常强烈，它才能穿透我们的心理保护层，深入无意识头脑。这些大多是生死关头的体验。例如地震不仅让房屋剧烈摇晃，也撼动了我们的心理防备。如果面临一些极端的情景，比如强烈的事件、自然灾害、暴力行为、战争，我们所产生的反应就和经历负面刻录的孩子相似。我们会感到震惊、恐惧，甚至全身颤栗，腿脚不听使唤，当时的场景会变成重复的画面，在夜晚的噩梦里出现。在心理学上，我们把这样的现象称作“创伤后心理压力”。

童年早期的刻录是情绪世界的基础。

每一种刻录都会和某种感受相连。要疗愈某种刻录引起的创伤，就要考虑与此相关的感受是什么。例如妈妈曾经对你大喊大叫。这种刻录主要和听觉有关，所以要发出声音，将心里卡住的声音在治疗时释放出来。有些刻录和视觉有关，例如目睹父母争吵，或是在放学的路上，看到街上有人打架。在相应的治疗中，我们要回忆造成创伤的场景，并想象自己不再被动，而是以积极的方式回应。另一些创伤和触觉有关，例如被打、经历事故、性侵犯，等等。对于这一类创伤，必须从身体上疗愈，因为这种危险的感受不仅留在头脑中，也留在了身体之中。人们在经历这类创伤之后，会把许多身体接触都当作侵犯，于是做出强烈的反应，比如退缩、抗拒、发痒、紧张、麻木等。通过特别的练习，例如呼吸、放松、按摩以及灵活的动作，我们就可以为身体录入新的信息，如安全、快乐等，这样就可以达到疗愈的效果。如果要全面地理解过去的经历，光用头脑还不够，还必须用上身体，才能实现深层的疗愈。

在当下的生活中，有些事情会让我们突然想起某一次刻录。这时，我们好像一下子进入了当时的情景，再次产生相同的体验，不论是身体还是心理的感受，都和当初一模一样。这样一来，我们或许会在当下的这一刻做出不当的举动。这会让身边的人觉得困惑，因为我们孩子气的行为让他们无法理解。

不断重复的主题源自主要的刻录

大多数时候，我们的感受、思考方式、遇事的反应，都和刻录中的经历相似。请看这个例子，小伟小时候常被爸爸批评，他觉得很难受，很愤怒。他心想“我真没出息，总是让爸爸生气”。要知道，每一种刻录都带着一种情绪，以及一些狭隘的想法。现在，只要妻子说他两句，小伟就觉得受伤，心里很生气。但是，他并不会表现出来，只是一声不吭地走开，闷在屋里上网，对她不理不睬。这时，他脑子里的念头和当年被爸爸批评的时候一样——“我真没出息，老是让爱人生气。”有一天，妻子又说了他几句，他突然大发雷霆，对她恶语相向，然后摔门而去。他心里压抑了太多伤痛和愤怒，已经到了极限，所以才会这样。然而，妻子却一脸困惑，想到他说的话，心里也有些受伤。

童年时经历的刻录，构成了我们现在的行为模式。

要是不知道自己的刻录有哪些，又怎么能理解自己的情绪反应呢？每个人都有自己的行为模式，其根源就在于童年早期的经历。西班牙诗人乔治·桑塔亚纳（George Santayana）曾说：“不能铭记过去的人，注定要重蹈覆辙。”[14]

经常出现的感受、习惯性的想法，都来自于我们过去经历的刻录。很多习惯是通过情绪养成的，而刻录又会让我们产生机械的反应。例如小时候缺少成人照顾的人，长大后也经常忽视自己的孩子；有的女孩被妈妈管得很严，长大后，自己也变成强势的母亲。这种重复过去经历的趋向，就是弗洛伊德所说的“强迫性重复”[15]。这里的关键在于我们并非有意识地养成这种习惯，而是无意识地重复过去的经历，并且吸引自己最反感的东西。比如，有个女孩爸爸很专制，对她百般控制，她很不喜欢；但她长大之后，却嫁给了一位这样的男人，同样的专制，同样对她控制。这是为什么？因为她已经习惯于爸爸的控制，只要遇到一个控制她的男人，就会被这种“熟悉的”感觉吸引。我们的选择经常会受到刻录的影响。有的人我们并不认识，但很有好感，而有的人我们一看就不喜欢，为什么？因为他们引起了我们的回忆，有快乐，也有痛苦。

想象一下这个场景：你早上起床之后，走进厨房，准备沏茶，突然看到一只老虎卧在地上！你从来没见过这种场景，在这危急关头，你一下子从半梦半醒的状态清醒过来，处在非常临在的状态，集中精神，准备应对突如其来的情况。你的心脏会将血液送到全身，让你充满力量，准备逃跑。在无意识头脑看来，强烈的负面事件和集中精神、充满活力的状态并没有区别。所以，无意识头脑会被强烈的冲击所吸引，甚至主动寻找刺激。所以，我们会不自觉地喜欢恐怖片，以及暴力、夸张的场面。这些不是我们自己的选择，而是被某种内在的力量拉着，不得不去经历这些负面的场景。如果我们的童年缺乏正面的体验，这种感觉就会更多。

小时候被母亲抛弃过的人，长大后也经常有被抛弃的感觉。她会不自觉地吸引这种感觉，甚至制造让自己觉得被抛弃的事件。和她在一起的男人，不是离开她，就是对她疏远，可她还是经常和这样的人在一起。

重大的刻录会留下各种念头和情绪，而我们总是会不自觉地依恋它们。即使经历新的情景，我们也会带着过去的感受和念头，从而看不到它的本来面目。

我们对事物的解读源于自己习惯性的模式。如果我们对内在小孩毫无意识，那就难以从痛苦中脱身。那些最深的伤痛会在我们身上不断重复，也会波及我们亲近的人。比如，你小时候经常被妈妈体罚，长大后，你说自己绝不会对孩子这样做。但无论下了多大的决心，你最后还是打骂了他们，甚至连说的话都和妈妈当年说的一样。事实上，我们经历的刻录越强烈，相关的念头和感受就越容易重现。这样一来，我们不断重复的情绪和感受，就被一代代地传了下去。

小于的主要刻录是妈妈对他过度控制。她总是拿一些做不到的事情来要求他，让他觉得压力很大。她什么小事都要管，吃饭、穿衣、功课、交朋友等等，都得听她的。面对她所做的，小于一言不发，同时从情绪中抽离出来，以此来保护自己，避免和她争执。然而，当时为了面对母亲所采取的方式，却变成了常态，形成了习惯。现在，只要小于感觉受到了控制，他就会自动做出同样的反应，和小时候面对母亲时一样。这样的童年经历，使他对别人的控制非常敏感，很容易就产生受人控制的感觉。每当小于的妻子要他做点什么，他总是一言不发，并且从情绪中抽离出来，这让他妻子也难以忍受。面对这样的情况，小于无法自我调节，每当遇到类似的事情，过去的那种反应就会被激发出来。要是他能发现自己的内在小孩，承认对控制的恐惧，认识到自己对妈妈积累已久的怨恨，情况便会好得多。如果我们能承认真实的内在情绪，内在小孩就会感到放松，会觉得自己得到了理解。这样，小于就可以耐心地告诉他的内在小孩："一切都过去了，你不再是那个无助无力的小孩子了。你觉得受到了控制，但其实那是你自己的投射，一种认为自己被控制的倾向。"我们也可以告诉自己的内在小孩："你现在可以换一种方式去回应，不用每次都一言不发，不用每次都从情绪中抽离，现在你可以和人交流，可以坚持自己的想法。"

刻录的重复还有另一种形式。由于逆反心理，我们有时会做出与自己经历截然相反的事情。请看下面的例子：

小薇的妈妈非常凶，经常对她打骂，而且凡事都要听她的。于是，她长大以后，就特别喜欢那种腼腆害羞的男生。他们从来不叫小薇做这做那，更别说对她打骂了。然而，虽然小薇尽力不让过去的刻录重现，但仍会经常感到一种忧虑，其实就是对打骂的恐惧。

有些刻录会以补偿的形式重复表现。小莉小的时候，父亲就得了重病，一直坐在轮椅上。她喜欢跳舞，但每次都不能和爸爸一起跳，这让她觉得很难过。长大后，小莉就嫁给了一位运动员。

如果我们仔细观察，就会发现，生活中有许多情景、念头、情绪都在不断重复。也许它们的表现形式不同，但本质都是一样。有些场景似乎在脑海中挥之不去，有些习惯好像怎么也改不掉。我们一次次立下决心，但某些行为就是无法停止。我们总是被一些情绪缠绕，怎么也甩不掉。这些重复现象的背后，就是我们童年经历的刻录。

刻录产生的时候，除了事件本身，我们在当时所做的反应也会被记录下来。如果当时我们做出了某种行为，使自己免于痛苦或惩罚，或者成功获救，那么就会习惯于这种行为，并不断地反复经历。小敏小的时候，妈妈经常把她一个人留在摇篮里，自己去上班。于是她不停地哭，但怎么哭也没有人来。她八岁的时候，有一天在外面玩，不小心掉进一条河里。她不会游泳，只能拼命向岸边招手，大声呼救。但她喊得越厉害，沉得就越快。她呛了几口水，心里很害怕。后来，她干脆不再喊叫，结果反倒浮了起来，最终成功获救。在两次刻录中，她都学会了同一个道理：哭闹、喊叫、呼救都是没用的，一动不动，默不作声，结果反而更好。这种想法造就了她的行为模式。后来，很多人都觉得她很沉默，不爱交流，不爱表达。遇到任何事情，她都自动地保持沉默。请注意这一点：过去有效的方法，现在却成了她的束缚，好像一座心理的牢狱，把她困在里面。打仗的时候，人们会躲在防空洞里，躲避炸弹袭击，但战争结束之后，还躲在里面，那就是另一回事了。我们不用一直藏身于这座“心理防空洞”，也不要一出事就躲进去。

经历了相似的事件之后，刻录就会加深。除非我们能疗愈自己的刻录，否则，过去的感受、想法和行为就会不断重现。

如果当下发生的事情和原始刻录中的经历很相似，我们的感受就会异常强烈，甚至会扭曲事情的本来面目。刻录经常会不断重复，人也会不断陷入同一种刻录。这种循环造就了整个家族的行为模式，一代代传递下去。

人人都想改变自己的行为模式。

只要找到它背后的原因，你就成功了一半。

回忆起重大的刻录，我们就能把生命的剧本写得更好。

练习：生命中不断重复的主题

这个练习可以帮你找到自己主要的刻录。请列出你生活中不断重复的现象。它们也许是那些无法摆脱的情境，或者挥之不去的感受。

____

____

____

____

你无法改掉的行为有哪些？如果有些行为你已经下决心改正，但还在不断重复，那么把这些行为也写下来。然后，看看背后的刻录是什么？如果一时找不到，也没关系，在生活中不断地观察，你就会对此有所意识。此外，我们还要想想，这些不自觉的重复行为对你有什么作用？这种作用也许不太明显，但通常是为了达到某种平衡的状态。

____

____

____

____

____

熟悉的感觉让人依恋

童年时经常发生的事会让我们感觉熟悉。我们很容易依恋于自己熟悉的事情，就算它是坏事，或者让自己受过伤，也不例外。熟悉的事情让我们觉得安全，我们宁可让它不断重复，也不愿意尝试未知的领域。在西班牙，人们经常说："熟悉的坏事，也比未知的好事要强。"[16] 一个人的童年不幸福，她长大后也很难适应美好、快乐的生活。她也许会不自觉地制造艰难的境况，让生活中多一些问题和冲突。如果一个人小时候受到过度的保护，她也许就不知如何应对艰难的挑战。

另外一个例子：有个女孩的爸爸非常专制，对她任意摆布，体罚不断。虽然如此，她最后也嫁了个专制蛮横的老公，对她百般控制。事实上，我们都会依恋于自己熟悉的感觉。

然而，这种依恋只存在于无意识行为中。一旦我们认识到自己的状态，就可以做出清醒的选择，跳出过去的桎梏。只要我们敢于进入未知的领域，深入了解看似熟悉的东西，个人成长的过程就开始了。

对快乐的恐惧

面对快乐，我们经常会有一种无意识的恐惧。快乐的时候，我们就进入了一种打开、放松的状态，就像孩子一样。然而，许多刻录就在这样的时刻突然发生了。比如，爸爸狠狠地打了你一巴掌；老师说的话让你感觉羞辱；突然得知爸爸妈妈离婚的消息，或是传来亲人离世的噩耗……这些刻录就像一把尖刀，插在我们打开的心上。从那以后，我们再也不敢打开心扉，因为打开就意味着受伤。这个受了伤的孩子把自己关了起来，让自己不要被新的刻录伤害。他的头脑总是充满忧虑，害怕出现危险和创伤。

我们不只是对快乐感到恐惧，而且会不自觉地抵制它，因为我们从心底里感到愧疚和羞耻："我到处都是缺点；我不好；我做什么都不对；我不对；我不值得拥有爱……"这些念头印在无意识头脑中，像巨石一样，阻挡着快乐。不过，有了心理学的知识和技术，我们就可以移除这些障碍。

刻录的强度取决于我们的解读

刻录的强度取决于我们对于当时情景的解读。即使是非常负面的经历，但只要我们不把它看得太重，它的影响就不会太大。有个例子可以很好地说明这一点。在意大利电影《美丽人生》[17]中，罗伯托·贝尼尼（Roberto Benigni）饰演的犹太裔意大利人基多（Guido）运用自己的想象力，帮助家人在二战中活了下来。基多幽默风趣，很有魅力。他有个四岁半的儿子，名叫约书亚（Giosue）。然而，法西斯入侵之后，基多和约书亚被强行关进了集中营。基多不想让天真的孩子受到伤害，于是编造了一个谎言。他说集中营其实是一个游戏，只要得到1000分，就可以赢得一辆真的坦克。他对儿子说：如果你饿了，或是想妈妈了，都不许哭，不许闹，不然你就会被扣分。只有保持安静，不让守卫发现，才能得分。

基多告诉约书亚：那些守卫都很坏，他们想独吞那辆坦克。还有，其他的孩子都藏了起来，因为他们也想要那辆坦克。有一次，约书亚说自己不想再玩了，想回家，但基多告诉他，现在他的得分最高，离胜利不远了。多亏了基多的智慧和爱，儿子约书亚最终活了下来。虽然集中营里尽是惨剧、恶疾和死亡，但并没有给他留下创伤。

从另一个角度来说，有些事情很平常，但如果孩子没有正确地解读，就会给他留下巨大的创伤。就如前文曾经提到的那个例子：

只是因为路上堵车，放学后的倩倩没有被父母及时接走，她就会想："其他同学的爸爸妈妈都爱他们，但我就没人爱。妈妈不想要我，不像其他同学的妈妈那么关心我。"她觉得自己一点用也没有。从那以后，她老是觉得别人的生活很富足，而自己总是缺这缺那。本来很普通的一件事情，变成了一次强烈的刻录。

对刻录的态度

每个人都或多或少地经历过负面的刻录。在地球上生存，就意味着会受到伤害。无论周围的环境多好，伤害都不可避免。任何一种负面的刻录都可能产生两种后果：一、让我们崩溃，不断承受痛苦；二、帮助我们实现个人成长。产生哪种后果，完全取决于我们的态度，看我们是否能积极地应对。如果是被动消极的态度，我们就会责怪父母，把自己的痛苦归咎于别人。将自己的痛苦怪在父母身上，只会加深自己的痛苦。不要怪罪父母，他们已经尽力了。也许，他们经历的负面刻录比我们还要多，但他们没有机会学习如何疗愈自己的内在小孩。如果我们总是消极地抱怨，把痛苦归咎于父母，这其实是一种对生活不负责任的表现。

童年的经历并非出于我们的选择。然而，我们可以选择用什么样的态度面对过去。积极的态度会让人得到疗愈。

这样，负面的刻录就会变成养分，促进我们的个人成长。负面的刻录带来的不仅仅是痛苦，还是一次疗愈的机会。我们不应把创伤看得过于负面，而是要看自己对于创伤的反应，以及从这种反应中学到了什么。就算是生活中最痛苦的经历，也会使我们受益。我们会从这些经历中学到一些重要的道理。比如，经历了负面的刻录，我们变得更加内向，不爱交流。但与此同时，我们观察自身的能力却越来越强，对自己的了解也越来越多，对于内在小孩、念头、情绪、欲望都有了更深的理解。

如果我没有前面提到的痛苦经历，那可能就不会写这本书，也不会用心理学的知识帮助别人了。也许我也不会这么有同情心，也不会理解别人的痛苦。正是因为这些痛苦的经历，我才会观察自己的内心，深入地了解自己。

可以说，人们所谓的“心理阴影”，就是负面刻录造成的结果。大多数人不知道自己有哪些“心理阴影”。他们所做的，只不过是把这些阴影丢给其他人：责怪、评判、羡慕、妒忌、愤怒……把错误归咎于父母、老师，还有伤害过我们的人。我们会不断自责，变得低落、绝望。我们不断找借口，就是不想承担生活的责任，结果被困在童年的牢狱里，无法脱身。

艰难的时光究竟会毁掉我们的生活，还是会让我们绽放？这完全取决于我们自己的态度。如果把自己看作受害者，我们的激情会被消磨，最终陷入悲观和绝望。相反，我们要明白一个道理：对于过去，我们唯一能做的，就是让它积极地影响当下的生活。负面刻录留下的“心理阴影”完全可以变成最好的养料，促进我们的个人成长。事实上，许多杰出人士的童年也并不幸福，他们经历了许多负面的刻录。在《伟人的摇篮》[18]（*Cradle of Eminence*）一书中，作者详细研究了七百位名人的家世背景和童年生活，其中包括爱因斯坦、弗洛伊德、丘吉尔、甘地等。他们发现，在这些世界名人中，有四分之三（700位名人中的525位）童年都过得相当艰难。他们有的出身贫寒，有的家庭破碎，有的曾遭受体罚，甚至性侵犯。另外，有四分之一（700位名人中的199位）的人身体上有不同程度的残障，例如耳聋、失明、跛脚等。百分之八十的文学家、剧作家小时候活在父母争吵的阴影中。

回头看看生活中自己走过的路，我们就会发现：急转弯处并不是路的尽头。

过去的逆境并非出于我们自己的选择，但我们可以选择如何面对。自然中的现象常常能给人启示。牧豆树长在贫瘠的土地上，所以必须把根深深地扎入地底，甚至十米深的地方，才能汲取水分。这样一来，就算狂风大作，它也难以被撼动。恶劣的生存环境让它变得更坚强。这样的例子还有很多。例如在高压的环境下，碳也能变成钻石。

要疗愈内在小孩，我们就一定要明白：过去的经历，并非我们的真实面目。一个人童年过得很悲惨，每天都很难过，但这并不意味着他的本性就是悲伤。每个人都是一丝不挂地来到这个世上。生活中的经历就像各色的衣物，套在我们身上，把我们塑造出各种不同的样子。但这些外表是可以改变的。人在小时候可能会经历悲伤的事件，但他的本性并不是悲伤。

深层的疗愈是可以做到的。因为在悲苦和伤痛背后，是我们的本质，而这种本质不会受到任何事情的影响，也不会受到玷污或伤害，它永远纯净无瑕，闪耀着光芒。

父母要了解刻录的重要性

教育孩子的过程常常会让人自省。这时，我们就需要了解自己，并疗愈过去的情绪创伤。许多负面的刻录会代代相传。我们从父母身上继承了他们最好的一面，也吸收了最坏的一面。现在，作为父母的我们，有更多的机会了解情商、心理、育儿、子女教育的知识。所以，越来越多的父母不断学习，改善养育孩子的方式。你也许就是他们当中的一员。他们阅读相关的书籍，参加这一类课程，和志趣相投的家长一起讨论。世界各地的父母的意识都在不断提高，中国在这方面已经走在前列。他们不断发现自我，完成自己的功课，让孩子尽量减少负面的刻录。

作为父母，如果我们知道孩子经历了重大的刻录，并影响了他们的人格，首先会感到内疚。我们可能会发现，自己的刻录被我们强加在孩子身上。然而，我们要知道，孩子会经历很多事，一切都是他生命中必经的道路。从来到世上的那一天起，人们就注定会经历一些负面的刻录。如果你想让孩子避开这些刻录，那只有把他们藏在一座城堡里，好好地保护起来。但这样的行为本身，就是一次重大的负面刻录。活在世上，就要和周围的一切不断互动，在这种互动之中，一些负面的刻录是不可避免的。

孩子需要父母的关爱和保护。但他们不需要过度的保护，更不想被视作弱小的群体。他们很敏感，但并不软弱。他们有着惊人的适应能力。我们从自己的经历中就可见一斑。你小时候也许曾遭遇不幸，并深受其影响，但它们并没有将你打倒，更没有让你精神失常。

我们要原谅自己的过去，并对当下的生活负起责任。我们的意识越强，对孩子造成的负面刻录就会越少。负面的刻录有时在所难免。孩子经历了负面的刻录之后，我们一定要相信，这些刻录会变成一种养分，促进孩子的个人成长。我们唯一能做的，就是做个快乐、活得轻松、活得坚强并能激励身边人的人，这就是我们给孩子最好的礼物。要实现这一切，光有好的意愿还不够，我们还必须努力做好功课，不断了解自己，疗愈伤痛，消除过去的误解。这样，我们才能真正地对当下负起责任。

生活就像一场大戏。随着时间的推移，你的角色也越来越清晰。但是，没有人知道整部戏的剧本，每个人的故事各是什么。我们要看过整部剧本之后，才能理解每个人的故事情节。换句话说，我们无法理解自己为什么会经历各种事情。然而，如果从个体的角度看，就会发现，一切都事出有因。生活就像一次意识的训练，一所发现真我的学校。艰难的时光，各种问题和挑战，都是我们发掘自己潜力的好机会。痛苦的事件可以指明方向，让我们知道自己需要学习什么。痛苦的经历就像鞋子里的小石头，让人很不舒服。但是，这种不适的感觉会让人意识到，自己应该在哪些方面做出努力和改变。于是，我相信，一切经历都是必要的。作为父母，我们尽量不让孩子经历负面的刻录，但有些事情不在我们的掌控范围之内。这些经历是孩子生命之路的一部分。我们要相信，在父母的支持下，孩子可以学会处理这一切。

第五章
与怀胎和出生有关的刻录

子宫内形成的刻录

许多年前，我们还是母体内的胎儿。那时，我们接触到的事物，绝大部分是妈妈的情绪。羊水、胎盘、子宫，不断传递着母亲的情绪状态。妈妈的肚子就是我们的家。同时，这里也藏着许多妈妈的情绪。我们就浸没在这片情绪的海洋里，直至出生。我们感受着妈妈的情绪，就像亲身经历一样。

> “人一生最重要的两个日子：一是诞生之日，二是悟得缘何而生之日。”
>
> ——马克·吐温[19]

母亲怀孕时的情绪状态，为孩子设定了长大成人之后的“情绪背景”。所谓“情绪背景”，就是我们生活中的主要情绪。如果妈妈在孕期很放松、很快乐，那我们现在的主要情绪就会比较好；相反，如果妈妈当时经常感到抑郁，我们现在可能就会背上一些情绪的负担；如果妈妈当时经常感到焦虑，我们就很容易过分忧虑，常常觉得身体紧张。要知道，人体细胞形成的时候，我们正处在母体之中，所以会受到母亲情绪的影响。

如果妈妈怀孕时发生了事故，那种震惊的感觉就会留在胎儿的细胞中。孩子长大之后，可能会经常感到不安。

无论妈妈积压了什么情绪，这种情绪都会对孩子造成影响。婴儿的某些行为，可以反映出母亲的心理阴影。所以，父母一定要了解自己的刻录，疗愈自身的心理阴影。

如果母亲能疗愈心理的阴影，孩子就不必为她背上负担。

出生过程造成的刻录

不少孩子出生的过程可以用“粗暴”来形容。所谓“正常”的接生方式，对于新生儿其实是非常残酷的。简单地说，我们可以把自己想象成婴儿，体会一下这一过程。我们诞生之前的环境是一个温暖安全的液体环境，我们从来没有体会过寒冷、饥饿、分离，也从来没有听过巨大的声响，更没有见过强烈的灯光。我们从不会感觉无助，从未被抛弃。在主观的体验中，我们和妈妈仍是一体。

对无意识头脑来说，出生的过程是生命中第一次大的变动。孩子对于出生这一刻的体验，基本上决定了他今后面对各种变化的态度。出生的经历不同，我们在人生十字路口做出的选择就不同。有的人在生活出现变动时会感到焦虑，这可能是因为他们出生时曾有过创伤。面对变化，他们也许会感到抗拒，或者复杂的情绪——心里想要改变，但身体上却感到焦虑不安。

许多心理学家研究过出生的过程对于人格的影响。其中，扬诺夫（Arther Janov）[20]的研究发现，许多早产儿长大后，经常觉得自己很弱小，而周围的环境是一种压迫。然而，对于出生较晚的孩子来说，由于子宫内的羊水减少，他们会出现脱水。长大后，他们也容易对缺衣少食感到恐惧。借助产钳出生的孩子，长大后可能会更多地依靠别人的帮助，缺乏意志力。剖腹产也会产生相似的影响。这种情况下，孩子没有靠自己走上人生的道路，也不曾体会过自己的活力。这样的孩子长大之后，会觉得自己不属于这个世界。如果胎儿被卡住或是被脐带缠住，会出现缺氧的现象。这样的婴儿长大之后，会对重大的改变感到害怕，产生极大挫败感。

如果孩子能在充满关爱的环境中降生，身体和心理的需求都能得到照顾，这将会成为他一生中最美好的刻录。出生的过程，可以给人留下最完美、最有益的印象。但不幸的是，大多数产科医生都不会考虑出生过程对孩子的心理影响。

大多数接生的过程看似“正常”，但对新生儿来说，其实非常残酷。几十年来，自然分娩的过程逐渐变得像治病一样，妈妈完全成了被动的角色。引产技术的运用，更是为了产科医生的方便。统计数据显示，出生在周末和假日的婴儿变得越来越少。在这个工业化的时代，我们似乎只考虑速度和效率，将自然的节奏置于不顾。

对于新生儿来说，从生命的第一刻开始，他们就要适应这种疯狂的节奏，也就是我们所谓的“现代文明”。

为了帮助分娩，妈妈会服用一些催产素。这种激素可以促进子宫收缩。人体本身也可以分泌这种激素，但为了引产的需要，医生会使用人造的催产素。由于剂量较大，宫缩会变得更加剧烈，心率也会升高，顺着产道出生时，压力也会更大。

宝宝的头慢慢地钻出来，皮肤第一次接触到干燥的空气。开着空调的房间让他感觉有些冷，和子宫内温暖的环境截然不同。降生之前他的眼睛一直处在黑暗中，但现在却突然暴露在手术室内的强光下。这时，医生把他倒着提起来，拍了一下，他“哇”的一声哭出来。这是多么粗暴的方式来欢迎新生命！几个月以来，宝宝一直保持着蜷缩的姿势，现在突然被倒挂着，该有多不舒服！为了让宝宝呼吸，就得把他弄哭，这多不人性，多不体贴！在他被迫开始呼吸之后，医生立即剪断了他与母亲的最后的连接——脐带。通常，宝宝被带到另一间房里，开始称体重、量体长……

经验告诉我们，婴儿出生的时候，应该被放在妈妈身上，暂时不要剪断脐带。这样，大约半小时后，他就会开始自然地呼吸。这才是尊重自然节奏的方式。婴儿开始呼吸之后，才可以减掉脐带。保持和母亲的接触，对于婴儿的心理非常重要。只有和妈妈的肌肤接触，新生儿才能平静下来。婴儿对于母亲的声音、嗓音、呼吸、心跳都非常熟悉，因为对他来说，妈妈就是整个宇宙。

保持婴儿和母亲的身体接触，可以让他更从容地从母体向外界过度，也会让他感觉更安全。

将新生儿放在妈妈身上，可以促进孩子和母亲之间的连接。出生后的两小时内，婴儿会越来越警醒，所以这段时间非常重要。婴儿营养的来源，不

仅是乳汁，也包括和母亲的接触。这种接触让他感觉安心。研究表明，宝宝出生之后，亲子之间的肌肤接触对于母亲和孩子都有好处。根据世界卫生组织（WTO）所做的一项调查，亲子之间的肌肤接触，可以使婴儿减少哭泣，改善母婴之间的关系，对妈妈哺乳也有益处。[21]

自然规律告诉我们，新生儿具有吸吮反射，所以最好置身于母亲身上。这样，过不了多久，婴儿就会主动寻找妈妈的乳房，用新的营养来源满足自己的需求。如果孩子出生后就和妈妈分离，之后吃母乳就会有些困难。

有些新生儿离开母体之后，就被送进了保育箱。如果是早产儿，或是有先天性疾病或残疾的婴儿，保育箱是必要的。但是，健康的新生儿有时也会被送进保育箱，因为这样费用更高，诊所、医院的收入也可以多一些。剖腹产也是同样的情况。世卫组织的报告也认为，剖腹产过多的现象并不正常。通常来说，大多数医院之所以采用剖腹产和保育箱，只不过是出于收入上的考虑。然而，对于新生儿来说，这样做是不负责任也是不道德的，因为与母体过早分离会对他们造成心理上的影响。婴儿诞生于母体之中，周围是一片动态的环境，充满各种声音。他可以听到母亲的心跳、血液的流动，以及进食、喝水、讲话的声音，一切都处在运动之中。这是他熟悉的环境，非常安全。然而，出生之后，他突然离开了舒适区，离开了熟悉的环境，被搬到一个寂静的保育箱里，一切都静止下来。

我们要记住，婴儿认得出妈妈的声音。对他来说，和妈妈分开是一种难以承受的压力，如同生命受到了威胁。人类生来就需要依靠，凭直觉我们就知道这一点。进了保育箱的婴儿，从未体会过这种寂静，这里没有妈妈，只有孤独。对于婴儿来说，孤独意味着生存受到了威胁。

我希望人们能用更自然、更人性的方式来迎接新生命。接生的方式要能够荣耀这神圣的一刻，体现对母亲和新生儿的尊重，并且保证两者的安全。美好的出生经历，会使孩子的一生受益，也会带来健康的母子关系。在许多医院中，无痛分娩、剖腹产、真空吸引器、产钳等技术，已经成了大多数分娩的既定程序。我并不反对使用这些医用工具，但我不赞成为了医院的经济利益或是医生的方便，过度使用这些工具。根据研究，大多数孕妇都天生具备顺利分娩的能力，而无须借助医疗干预。医疗干预应该用来处理紧急情况，真正需要的时候才能使用。母亲在分娩的时候，如果没有过度服用药物，她们就能更有意识地、带着应有的关爱，迎接孩子的诞生。

自 20 世纪 30 年代以来，有许多产科专家、医生、心理咨询师、护士都曾表示，新生儿出生的过程，和治疗疾病的医疗手术没什么两样，这并不合适。他们都倡导更人性化的分娩方式。因此，这几十年来，世界各地出现了越来越多的妇产中心，他们贯彻自然分娩的理念，并认为这样会给妈妈留下美好的生育体验，并有助于培养育儿技巧。妇产中心的环境与医院的产房相比，更有家的感觉。在生产过程中，产妇的选择也更灵活，她们有食物、饮品，也可以听音乐，还可以让家人、朋友陪在身边。房间的装饰也符合自然生育的气氛，让产妇得以放松。如果妈妈需要医疗支援，也可以转送到附近的医院。此外，在有些医院内，除了一般医院都具备的高科技产房之外，也附设了这种妇产中心。在妇产中心内，每一位妈妈都有一位专门的助产士，在她生产前、生产时、生产后随时提供协助。在分娩前几个月，这种一对一的支援服务就开始了。妈妈和助产士会商讨分娩的过程，并考虑她的特殊需求和喜好。助产士也会给爸爸和其他家人提供协助，包括知识介绍、实际协助、情绪支援等。妇产中心也会鼓励丈夫尽量参与生育过程。在自然分娩的准备过程中，妇产中心会提供培训课程，妈妈会进行呼吸练习，运用水疗、按摩、想象等方式来放松，以非药物的形式克服或减轻痛楚。

对于做父母的人来说，孩子的出生是人生路上重要的里程碑。

与医院相比，妇产中心的环境十分安静，也不会有太多人，这种私密的气氛正适合父母和新生儿会面的这一神圣时刻。

产妇在医院里分娩时，需要全身躺下，双腿架在脚蹬上，臀部靠近产床边缘。这样的姿势其实可以让医生离会阴部位更近，方便操作。然而，从很多例子来看，这样的姿势会导致阴道壁受压不均，而且产道方向与重力不一致，使生产的过程变慢，而且更为困难。与医院相比，妇产中心给产妇提供的选择更多，她可以选择以各种姿势进行分娩：蹲下、跪下、四肢着地、侧躺，等等。这些姿势可以让产道打开，并使婴儿头部对阴道壁的压力平均分布。由于利用了重力作用，这些姿势会使产妇背部的疼痛减轻，并减少肌肉的用力。还有一些特制的椅子，可以帮助妈妈保持下蹲的姿势。

医院的工作人员工作时间紧，又有来自上级的压力，总是以迅速完成任务为目标。然而，在妇产中心里，分娩的过程符合自然节奏，产妇的情绪支援、家人的支持更是不可或缺。他们的陪伴、鼓励，或者仅仅在耳边低语几句，都有很大的帮助。有的产妇对自己分娩能力没有信心，她们的恐惧需要得到尊重，所以需要明确的信息和支持。

刚出生后的刻录

新生儿给妈妈带来了快乐，是妈妈的心肝宝贝。然而，对妈妈来说，这一时刻是生命中的重大转变，适应起来并不容易。这时，妈妈的身体和情绪状态可能会下降。她需要调整心态，接受角色的转变：从此不再是“父母的女儿”，而是变成了“孩子的妈妈”。新生儿需要依靠，随时随地都需要照顾。妈妈不得不牺牲一些自身的需求，全心为孩子考虑。这种新的生活节奏会给她带来很大压力。

刚做妈妈的人，也许会对自己的身份感到困惑。刚生完孩子之后，她几个星期都待在家里，感觉就像被关起来一样。带着孩子，很多地方都不方便去，这让她感到很孤独。她不能参加社交活动，工作和休闲的地方也去不了，甚至还会失去很多机会。

刚生完孩子的妈妈，要再次回到工作岗位，也不是件容易的事。这几个月里，她一直待在温暖的家中，觉得自己与孩子是一体，但现在却需要调整状态，准备应对这个快节奏的世界。在现代的社会中，妈妈生完孩子之后，总是得马不停蹄地投入工作。

在中国，许多家庭会让爷爷奶奶来带孩子。有人帮忙固然是好事，但也会带来一些压力。爸爸妈妈、爷爷奶奶、外公外婆，都住在一个屋檐下，难免会有矛盾。大家争这争那，揭起陈年伤疤，甚至导致一连串的误会……

新生命的诞生，让家里每个人都觉得温暖，但新生儿时刻都需要关心和照顾，这对全家人都是一次巨大的考验。

生完孩子（特别是第一个孩子）之后，妈妈有时会感到不安，照顾孩子的时候也笨手笨脚的。她可能会感到疑惑："我到底会不会当妈妈？"这种不安的感受和妈妈本人的自信心有关，要看她小时候和自己妈妈的关系如何。生孩子这件事会让妈妈回忆起自己小时候的经历，以及和自己妈妈的关系。这些记忆被激活之后，它们不会以视觉的方式呈现，而是化作感觉、情绪，或是一些身体的感受。

研究表明，对于百分之八十的年轻妈妈来说，她们和孩子的关系，会与她小时候和妈妈之间的关系十分类似。如果她小时候和妈妈比较亲近，有安全感，这时就会觉得自信轻松；如果她原来和妈妈不太亲近，缺乏关爱，那这时就会觉得困难。不过，小时候的经历并不会将一切都固定下来。为人父母的经历，也是疗愈情绪创伤、转化消极模式的绝佳机会，因为孩子就像一面镜子，可以照出我们自己的童年。正如美国学者马蒂·埃里克森（Marti Erickson）所说："有关依恋关系的研究给那些童年不幸的父母带来了好消息。研究表明，养育子女的关键，在于我们如何看待自己过去的经历。否定、忽视自己过去的痛苦经历，只会让这种痛苦传给下一代。与此相反，我们应该采用‘向后看、向前进’的方法，主要有以下几个步骤：

（1）面对痛苦的过去；

（2）承认过去经历对你自己的影响，特别是在感到压力的时候；

（3）认真思考：自己想把哪些东西传给下一代？想把哪些东西留在身后？并就自己的选择和你的伴侣、值得信任的朋友、治疗师进行讨论。他们可以帮你观察你和孩子之间的关系；

（4）掌握一切所需的资源，如关于儿童开发、为人父母之道的信息，并用良好的情绪支持自己，帮助自己实现目标。”[22]

意外怀上的孩子会造成的刻录

孩子在和父母交流的时候，会对他们发出的振动非常敏感，并能察觉父母对他的接纳程度。如果他是意外怀孕所生，这件事就会造成一种深层的刻录，感到自己的生存被拒绝。如果母亲曾经尝试堕胎，这也会被细胞记录下来，成为一种死亡的倾向。孩子长大之后，表面上可能很成功，但内心却极其沉重，觉得自己不配拥有幸福。

如果妈妈自己并不想要这个孩子，就难以拥有健康的母子关系。这样的孩子的免疫力较弱，容易生病。而且，由于从一开始就被拒绝，孩子的自尊心也会受到影响。

如果妈妈本来不想要这个孩子，她也许会拒绝给孩子哺乳，怕自己的胸部走样。她会觉得这个孩子让她失去了自由。为了尽快重获自由，她们迫不及待地开始工作。她们把养育孩子的工作看作一种累赘，于是将孩子丢给父母或保姆。这样的妈妈会让孩子感到自责。孩子会觉得自己是父母的“累赘”“包袱”，认为自己是“局外人”，想要爱却又得不到，周围的关系中也没有他的位置。

要疗愈这种刻录，就一定不能忘记以下两点：一、无论妈妈多么不想接受你，生命都会欢迎你的到来。生命大于父母。把你带到这个世界上的，是你的父母，但真正起作用的，却是生命中神秘的力量。同时，父母也是生命的孩子。二、虽然妈妈不想接受这个孩子，但她也有自己的苦衷。她们也许不被自己的母亲接纳，也许有经济方面的困难，或是没有得到丈夫的支持，等等。无论是哪种原因，我们都要从妈妈的角度思考，尽量理解她。

练习：让自己为生命所接纳

趁自己没事的时候，找个安静的地方，闭上眼睛，把注意力放在内心的活动上。做几次深呼吸，让身体放松。

想象自己出生时的场面。现在，在你的脑海中出现了这样一幅画面：妈妈正在用尽全力，要把你送到这个世界上……问问自己：你把自己看作父母的礼物吗？还是他们的负担？你来到这个世界上，能感到爱，感到接纳吗？你有没有让父母失望？他们本来想要的，会不会不是这样的你，而是个男孩/女孩，或是另一种长相/气质？

别急着回答，让答案从内心慢慢浮现。你想象这一场面的时候，有什么感觉？保持这些感觉，给他们留出一些空间，用温柔的注意力将它慢慢转化。

带着一种关爱，仔细观察自己的体验，同时回答这些问题：你能接纳自己现在的样子吗？无论过去发生了什么，你都能珍惜现在的你吗？你来到这个世界上，对生命心存感激吗？

重复这些句子：我是个女孩，我觉得很快乐；我是个男孩，我觉得很快乐……我是生命独特的一面；我的潜力日渐绽放……尽量对自己耐心一些。自我欣赏是一种品质，我们需要一定的时间，才能将其不断发展和深化。

父亲的角色

初为人父时，会有各种各样的挑战。年轻的父亲会发现，妻子的注意力全部转移到了孩子身上。如果他的内在小孩过去一直依赖妻子的关照，他也许会觉得，这个小家伙成了他的障碍和对手，夺走了妻子对他的关注。此外，夫妇俩通常要等一段时间，才能恢复正常的性生活，这也是许多夫妻矛盾的根源。夫妻关系紧张，甚至丈夫出轨，都有可能在这个阶段发生。

按照自然规律，孩子在出生后的几年内，应该和母亲保持亲近。母子双方犹如一个整体，两者之间有一种和谐的关系。对于孩子来说，他们也觉得自己和母亲融为一体，不会分离。在这几年中，父亲的角色应该是为母子关系提供支持，尽量不让妻子操心其他的事情，不让她为赚钱养家发愁。

父亲要为这个家撑起一片天，成为外界和母子之间沟通的桥梁。

他需要调整工作、社交、娱乐的时间，把照顾妻儿的任务摆在首位。父亲需要参与到育儿的过程中来，发挥自己的作用，保持与母子亲近的关系。同时，他必须重视自己的角色，否则就会产生孤独、嫉妒、自暴自弃的情绪。正如家庭心理治疗师劳拉·古特曼[23]（Laura Gutman）所说的那样："父亲不需要替代母亲的角色，但他需要支持妻子的育儿工作。"[24]

根据人们的观察，如果孩子第一天上幼儿园是由爸爸送去的，那么他适应起来会容易得多。探索和自立的动作，背后是一种男性化的力量；而合一、亲密的动作，则充满女性的特质。

在孩子生命的头两年里，父亲的角色主要是支持母子之间亲密的关系。

母亲和孩子组成了一个统一体，父亲则对他们提供支持，形成一种三角关系。从孩子两岁开始，这种关系开始变化：妈妈和孩子之间逐渐产生距离，孩子渐渐变得独立，惴惴不安地走出的第一步，探索妈妈身体以外的世界。从那时起，爸爸也开始帮助他，让他试着减少对母亲的依靠。爸爸带着孩子去公园，让他触摸自己的汽车，和他一起玩耍，尽情探索周围的世界。

在这个时候，孩子学会了一些简单的语言。孩子和母亲的交流方式是通用的，靠的是直觉和肢体动作。而在父子之间，用得更多的是语言的交流。由此可见，从孩子两岁时起，父亲对他的影响就变得较为直接。

在母子关系中，妈妈的爱不会附加任何条件，也不受她和丈夫之间关系的影响。然而，父亲和孩子关系却容易受到夫妻关系的影响。如果他和妻子十分亲近，他对妻子的爱会自然地传到孩子身上。如果他和妻子关系不佳，他和孩子在感情上也会有些疏远。如果双方已经分开，父亲很多时候就需要通过另一位女性来维持和孩子的关系。这一角色可以是另一位伴侣，也可以是他自己的母亲。这种情况会持续到孩子的青春期阶段。从那以后，父子之间就可以直接沟通，不需要母亲或是其他女性的帮助了。

第六章

童年早期阶段

孩子需要依恋

对于孩子来说，母子关系是他们精神世界里最重要的一部分。年龄越小，妈妈的角色就越重要。孩子和妈妈的关系是人们生命中的第一段关系，也是一生中其他关系的基础。我们对于人际关系的感受，也来自于小时候和妈妈之间的关系。母亲对于婴儿，就如同整个世界，甚至整个宇宙一样重要，孩子的一切都要依靠她。

婴儿若是无人照顾，便难以存活下去。他们会下意识地靠近妈妈，这正是为了增加生存的概率。找不到妈妈时，他们还会大哭大叫，吸引妈妈的注意。

出生后的头三年对于孩子依恋关系的形成十分重要。在这几年中，孩子对生命的基本信任感开始形成。这种信任感使他们产生希望，并意识到自我价值。如果母亲难以依靠，例如她还不想当妈妈，或者工作上过于繁忙，或者没有准备好照顾孩子，这就会在孩子心中埋下深深的不信任感。小孩子就会感到焦虑、紧张，甚至充满警觉。

心理学家发现，一个孩子将来能否活得幸福，活得自信，只要观察一下他一岁时和照顾者之间的关系，就能得到答案。[25]对母亲十分依恋的孩子，对自我价值的认识也较强；缺乏照顾的孩子，则会看低自己的价值，觉得自己不值得受到关注。

关于这种依恋关系在孩子心理成长中的作用，有两位心理学家曾做过研究：英国的约翰·鲍尔比（John Bowlby）和美国的玛丽·爱因斯沃斯（Mary Ainsworth）。在他们的发现中，有一点非常重要：成为父母之后，我们会发现，自己和孩子之间的依恋关系，通常会和自己过去和父母之间的依恋关系具有相同的模式。

练习：关系的基础

关于小时候和母亲之间的关系，你能回忆起什么？

有没有听父亲/爷爷奶奶/外公外婆/叔叔伯伯说过这方面的事呢？

___

小时候，是谁在照顾你？

___

遇到麻烦的时候，你第一个想到谁？

___

你害怕的时候，哭的时候，是谁抱着你？

___

小时候，你身边有这样一个人吗？

___

孩子需要被抱在怀里

小孩大多数时候都需要抱着。对于孩子来说，和自己信任的人保持身体的接触，可以让他们得到精神上的滋养。他们从中获得的，是一种安全和自信的感受。很多父母有一种误解：孩子如果一直被抱着，就会被惯坏，所以需要尽量让他学会独立。事实上，如果我们希望孩子长大后较为独立，就需要在他小时候满足他的需求。如果孩子小时候很少被抱着，长大之后就会缺乏情感关怀。他们会以其他方式来弥补这种缺陷，例如拼命工作，获得成功。

养育孩子是一项艰巨的任务，因此妈妈需要家人或保姆的帮助。西方国家常见的婴儿车，对于孩子和母亲的联结来说，其实并无益处。最好是用一些婴儿背带，让母亲和孩子之间可以保持身体接触，同时也可以解放妈妈的双手。

在中国，大多数职业女性会让保姆带孩子。有人分担一部分工作，对于妈妈和孩子都是好事。然而，妈妈不能忘记，给孩子洗澡、穿衣、抱着他、抚摸他、哄他睡觉，对孩子都非常重要。和母亲的身体接触，会让孩子明白自己对于母亲有多重要。

对孩子来说，情感的关怀和食物一样重要；而他们最渴望的，就是妈妈的关爱。

对于孩子来说，谁和他待在一起的时间最多，谁对他最为关注，谁和他玩，谁照顾他，他就会依恋谁。除了妈妈之外，孩子也需要和其他人建立联系，这对孩子本身、对妈妈，还有母子关系都有好处。爸爸、爷爷、奶奶、保姆都可以成为孩子依恋的对象。每隔一段时间，我们可以把孩子交给他们带几个小时，让他逐渐适应这种方式。但如果时间太长，孩子就会觉得焦虑，想回到妈妈身边。要知道，妈妈才是孩子的“避难所”。因此，隔一段时间，孩子和妈妈就可以分开一会儿，但尽量不要太久。妈妈大多数时间还是要陪着孩子，照顾他，理解他，耐心地对他。但请注意，是“大多数时间”，而不是“随时随地”。

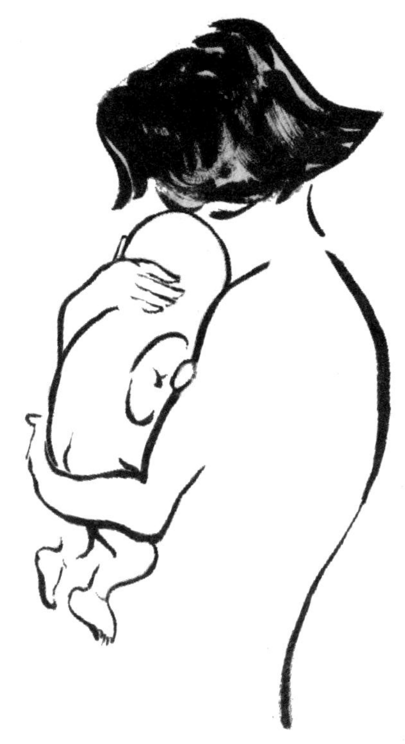

就算在晚上，孩子也得有人在身边陪着。如果他被丢在摇篮里不管，就像掉入了一片黑暗的海洋。有些孩子两岁多了，晚上还是又哭又闹，就是因为白天妈妈没有陪着他，所以这时才要引起妈妈的注意。毕竟妈妈在晚上总会安静下来，也没有那么多事情要做。

当妈妈的人，一定要和其他妈妈多交流。妈妈们除了丈夫，也需要其他朋友的支持，这也有益于她们的婚姻。和同样做妈妈的朋友待在一起，孤独感便会减少，也有助于拓宽视野，建立友谊，分享各自的经验。

孩子有时会一个人静静地待着，这是妈妈和孩子相处的好机会。然而，很多妈妈会趁这个时候去其他房间做事情。孩子看不到妈妈了，就会大哭大闹。妈妈只好回来照顾孩子。这样的话，孩子会觉得，只有我哭闹、喊叫时，才能获得妈妈的关注。其实，孩子安静的时候，妈妈也可以陪在身边。这样，孩子就会知道：即使安静独处，妈妈也不会走得太远。他可以一个人玩，但一点也不孤独。

走向独立的第一步

大约两岁的时候，孩子就慢慢开始走出独立的第一步。他们不再时时刻刻和妈妈或是其他照顾他的人待在一起。在这个阶段，他们学会了说“不”，这让他们有种力量感。这时候，他变得不那么听话，经常不愿吃饭，不愿洗澡，不愿睡觉。这可让父母有些头疼。如果他们不理解孩子这种行为，那肯定会遇到麻烦。父母应该明白，孩子的这段“否定期”，其实是一种健康成长的表现。孩子只不过想试一下，看看自己是不是有独立的本事。他们虽然走出了第一步，但难免有些不安，甚至笨手笨脚。他们毕竟还在学习。即使离开妈妈，独自去探索周围的世界，孩子还是要不时回头，看看妈妈是否还在身边。他说不定会突然冲到厨房里，帮妈妈炒两下菜，或是在客厅里拿起一份爸爸的重要文件，随意地涂画起来。

他们也许会用第三人称来描述自己。比如，“小玲要喝水”。我突然想到一个很好的例子：我哥哥这么大的时候，有一次，爸爸叫他做点事，他却说：“罗伯托是我的”（罗伯托是我哥哥的名字）。这样的话翻译为成年人的语言，就相当于“我想做什么就做什么”。

有些父母没有注意这种现象，而且对于尝试独立的孩子很不耐烦。他们可能会对孩子说：“你太调皮了”，“谁家姑娘像你这样”，“你笨手笨脚的”，“你真没用”……听了这些话，孩子会觉得，独立就意味着“无能”，是一种消极的行为。这会让他有挫败感，让他的潜力得不到发挥。孩子本来可以靠自己建立信心，但父母的举动让他失去了这个机会。

早期与母亲的分离造成的刻录

我们用了几页的篇幅来讨论孩子与母亲之间的联结，并了解它的重要性。孩子如果在年幼时就与母亲分离，无疑会受到巨大的影响。下面我们就来谈谈这种重要的刻录。

在现代中国，有许多父母忙于工作，于是把孩子交给爷爷奶奶照顾。人们都以为，孩子太小，还不懂事，不和爸爸妈妈在一起也没关系，只要吃好住好就行了。然而，真相恰好相反。心理学家发现，无论孩子年龄多么小，他都能通过触摸、气味和声音认出自己的妈妈。[26]对于孩子来说，他所需的安全感、爱、食物、住所、关注，全部来自于妈妈。

没有人能够完全替代妈妈的位置。如果孩子不能和妈妈经常接触，就算是爷爷奶奶、叔叔阿姨、哥哥姐姐倾其所爱，孩子的心理也会受到很大影响。

这样一来，孩子和妈妈的联结就被切断了，而这种联结是孩子建立信任的基础。对孩子来说，妈妈就是整个世界。如果妈妈不在身边，那整个世界、未来的一切关系都会变得不可靠。孩子思考的方式是以自我为中心的。她的智力还不成熟，无法从别人的角度思考问题。她不会明白，自己被送到爷爷奶奶、叔叔阿姨家，或是托儿所，并不是因为家里不要他，而只是为了父母工作方便。孩子的想法是："妈妈不要我了，因为我不够好"。她会觉得自己遭到遗弃。要知道，这个年龄的孩子依赖性还很强，而遭到遗弃就意味着巨大的风险，仿佛到了生死关头，让她十分痛苦。与母亲的分离所造成的刻录，也会对孩子以后的关系造成影响。

同时，我们也要考虑到另一个因素：年幼的孩子尚未形成时间观念。他们不会认为"妈妈虽然今年不在身边，但是明年就回来了"。孩子尚还年幼，对他们来说，眼前的一切，就是事实的全部。

孩子到了一个全新的环境，心里又失落，又孤独。然而，她总得和某个人保持亲近的关系。这一角色一般是奶奶或外婆，或是其他的照顾者。在这种新的关系形成之前，孩子已经和母亲分开了。因此，他并不会像以前那样敞开，因为他要保护自己，以免背负分离的痛苦。这和我们的恋爱经验有些相似：第一次恋爱时，人们总是全心相待，但在之后的几段关系中，人们总是有所保留。原因就在于，和自己全心相待的人分开，会让我们经历巨大的痛苦。

在中国，孩子大一些之后（5 ~ 10 岁），就会被送回父母身边。爸爸妈妈认为，这个年龄的孩子较为独立，不需要太多照顾了。但从孩子的角度来看，他离开了奶奶，离开了和他亲近的人，这又是一次沉重的打击。孩子会认为："没有谁信得过。他们都不想要我，因为我不够好。"一种深深的孤独感油然而生，仿佛自己不属于任何地方。他们觉得自己好像是领养的孩子，或是从其他地方来的，总之不属于这个家。

有些孩子会把自己藏起来，或是离家出走，以此来引起父母的注意。他们希望爸爸妈妈能够惦记他们，想要把他们找回来。得不到爱的孩子，只能用极端的办法来唤起父母的关注。只有这样，他们才能感觉到自己的价值。

孩子虽然会觉得痛苦，但并不一定会表现出来。他们有时候会把痛苦藏在心里，因为他们觉得，痛苦即使表现出来，也不会得到安慰。如果被遗弃的感觉过于强烈，他们就会拼命寻找愉悦（例如吮手指），减少自己的孤独感。孩子吮手指的动作，说明他对母子之间的连接十分渴望。

孩子越不满意自己的生活，就越有可能产生幻想。被遗弃的孩子经常会塑造出一个理想的母亲形象。这位母亲爱他们的方式，和他们期待的一模一样。

被送出去的孩子，除非是被别人领养，否则过几年之后，还是会回到家里。不过，回到家里的孩子，像变了个人似的，不像原来那么开朗，对人也十分警惕。她毕竟经历了两次被遗弃的经历。然而，爸爸妈妈却认为，这都是因为爷爷奶奶"把孩子惯坏了"。除此之外，家里面可能还有其他的兄弟姐妹，他们这几年一直和父母在一起，没有被送出去。孩子看到这样的情景，会觉得自己不受重视，毫无价值，好像根本不属于这个家。这种感觉会留在她的心里，并影响今后的各种关系。在她的无意识中，形成了一种信念："其他人有的，我就没有。别人比我更讨人喜欢。”这样的经历，可能会让她养成一种惯性思维：总是觉得别人比自己好，没有一点归属感，就算周围全是人，也觉得很孤独。

留在家里的兄弟姐妹对她的感觉很复杂。一方面，他们很高兴，因为又多了个小伙伴。另一方面，他们又不会全然接纳这个“新来的”，因为她的到来，意味着父母的爱会被分走一部分。每个孩子都想受到照顾者的偏爱，但“特别的”孩子只有一个。让自己显得“特别”，也是一种获得爱的方式。

这个曾经和母亲分离的孩子长大之后，她会觉得自己有一部分感觉不到爱，觉得不被接纳，不被欣赏。她希望有个人来填补爱的真空，但同时又对关系充满了不信任。她觉得关系都不可靠，即使自己爱上别人，最后也会被抛弃。这两种对立的念头，一方面是强烈的需求，另一方面是极度的恐惧，有时会让她的伴侣亲近，有时又会让她望而却步。如果她坚信，自己会被抛弃，不会得到爱，她就会拒绝，甚至离开对方。她的伴侣很可能并不想离开她，但她身上有了这条伤口，就是轻轻一碰，也会疼得厉害。如果她觉得别人不会全然爱她，结果就很可能是这样。她会责怪自己的伴侣，怪他不够爱她。而她的伴侣被多次指责之后，也会觉得自己不被认可，于是在情绪上与她疏远。这就造成了一种恶性循环。我们不难看出，我们小时候经历的伤痛，会在成年生活中重现。当然，我们的行为是无意识的，并没有在头脑中思考。因此，人们应该学习认识头脑运作的方式，这样我们才能避免掉入同样的陷阱。我写书和上课的目的也正是这一点。

如果一个人有过这种刻录，她的伴侣就会觉得很难爱她，很难让她开心，也无法获得她的信任。其实，我们每个人都让人觉得很难去爱。人们常常觉得，要让别人爱上自己，并不是什么难事。只需要一些欣赏，一些微笑，一些关照就可以了。但事实上，我们都有过伤痛的刻录，如果不加处理，就会让自己变得复杂。身体上受过伤的人，并不想别人触碰她／他的伤口；同样地，小时候情绪上伤得越深，就越难让人亲近。

第七章

和兄弟姐妹有关的刻录

独生子女

对于独生子女来说，父母全部的关注，所有的空间，都是给他一个人的。玩具、空间、衣服……都只属于他一个人，他没有机会和别人分享。他已经习惯了独享父母的关注，但有时候还是会觉得缺少些什么。他会想，如果有兄弟姐妹的话，自己的生活会是什么样子？在集体无意识中，理想的画面通常包括爸爸、妈妈、儿子、女儿。对于独生子女来说，和表兄弟、表姐妹、邻居、同龄的朋友的关系也许会变得非常重要，因为他们需要和他人分享。

父母的期望都落在他 / 她一个人身上。他要完成父母的计划，长大后要照顾父母，这让他感到很大的压力。这种压力可能太大了，孩子承受不了，于是渐渐失去了动力。这样一来，他会觉得自己让全家人失望，因此很焦虑，很郁闷，心中充满了失败感。在一些极端的例子中，这种念头甚至会让孩子结束自己的生命。在中国，年轻一代的自杀率极高，其中主要原因之一就是这种压力。

有些孩子由于爸爸妈妈的关系较为疏远，于是他们很可能会和其中一方很亲近，但这样会让另一方觉到被背叛和无助。有些情况下，爸爸妈妈和孩子三者之间的关系都很疏远，这样的孩子会把自己封闭起来，活在自己的想象中，或是只顾打游戏、看书，做自己喜欢的事情……

在有些情况下，独生子女被惯坏了。父母对孩子有求必应，对他过度保护，很少为他设定限度。父母的行为无异于告诉孩子："你很重要，我们都围着你的需求转。"溺爱独生子女的父母，自己的童年一般过得不太幸福，处处受到限制。所以，他们希望自己的孩子不要经历同样的痛苦。只要孩子有一点挫折，他们就会感觉内疚，所以他们会极力避免。这样一来，孩子凡事都有别人照顾，养成了习惯。然而，他长大之后，别人并不会把他们当国王来对待，也不会听从他 / 她的命令，更不会忍受他的冲动，这让他觉得很不开心。父母并不知道，他们的教育方式，让孩子变成了一个以自我为中心的人。孩子自己没有力量，遇到问题或逆境就一蹶不振。许多这样的孩子长大后认为自己没人理解，没人欣赏，内心觉得很失败，很孤独。

有了弟弟 / 妹妹之后

当爸爸妈妈有了第二个孩子，老大觉得，自己的中心地位受到了威胁。在孩子们的想法中，父母只能偏爱一个。老二出生之后，老大可能会有各种反应：假装这个"新成员"不存在，表现得很不耐烦，或者正好相反，对他 / 她过于关心，以此来获得父母的认可和爱。

如果家里有三个孩子，其中的一个常常会觉得自己很孤立，没有另外两个那么受宠。和老大性别相同的那个孩子，一般就属于这种。他 / 她会努力模仿老大的样子。年龄居中的孩子很可能会觉得自己不受宠，因为他 / 她既不是老大，也不是最小的孩子。如果家里有三个孩子，其中年龄差不多的两个会亲近一些，而另外那个孩子会觉得自己被孤立。

家庭成员众多

有些孩子有很多兄弟姐妹，他们或许会觉得缺乏自己的空间。每个孩子都不喜欢分享，他们都要努力争取，才能得到家里的一点空间。为了争夺父母的爱和关注，孩子们会互相争斗。然而，他们之间的合作关系却也很紧密。孩子们有时候会竞争，但有时候为了共同承担家庭的责任，他们又会开始合作。

这样的家庭中，由于孩子年龄差距比较大，父母养育第一个孩子的方式，也许和养育小儿子 / 小女儿的方式有很大不同。

在大家庭中，兄弟姐妹之间的关系会分成各个小组："女孩"—"男孩"，"大孩子"—"小孩子"。"小孩子"经常由"大孩子"照料。在这些大家庭中，父母为了维持生计，没日没夜地工作。他们脑子里全是生存问题：钱、食物、衣服……所以没有太多时间和孩子相处。他们也不会抱着孩子，更不会对他们吐露心扉。有些孩子成年之后，会变得和父母当年一样，拼命工作，进行物质的积累。但有趣的是，也有一些例子正好相反：家里的孙辈可能会很叛逆，对工作和事业毫不上心，只顾和朋友玩乐。

大一点的孩子，可能会扮演父母的角色，会照顾弟弟妹妹。在中国，如果家里的老大是个女儿，这样的情况就很常见。姐姐从小就承担起照顾弟弟妹妹的责任，无法拥有无忧无虑的童年。为了得到父母的爱和认可，他们变得像个"小大人"，压抑自己的冲动，不敢玩，不敢疯，不敢淘气……必须得负起责任，为弟弟妹妹做好榜样。他们成年之后，有时会有种奇怪的感觉，却又十分强烈：自己好像对小孩有些抗拒。孩子特别兴奋、放声大笑的时候，他们就会特别反感。他们自己曾经压抑的情绪，现在也不允许别人拥有。

在这样的大家庭里，哪怕是父母一个不经意的动作，只要表达出对某个孩子的一点情感，其他的孩子就会把它看作是一种偏爱，觉得别人在和自己竞争，从而产生嫉妒的情绪。

偏爱

如果家里的一个（或几个）孩子得到的关照总是比其他孩子多得多，这就是偏爱的表现。本来父母应该对各个孩子都公平，但却对其中的某一个特别照顾。在中国，很多父母有重男轻女的观念，世界各地的传统文化中也有这种现象。现在，这一观念已经有所变化，特别是在城市里。然而，很多中国女性曾经有过这方面的刻录。另外，很多父母会特别宠爱家里的长子，所以有些男性也有类似的刻录。

孩子们非常敏感，他们能够感觉到，自己是不是被父母全然地接纳。

如果父母想要的是男孩，而不是女孩，一旦妈妈生了个女孩，她就会觉得自己对不起丈夫。如果父母想要的是男孩，但却生了个女孩，他们就会感到失望。如果第二个孩子还是女儿，他们就会更失望。如果后面还是女孩，父母失望的程度便会不断递增。这种刻录对于排行靠后的女儿尤其强烈。我们可以想象，如果妈妈想要生个男孩，但却在生了三个女孩之后，才终于生了个男孩，那她可能对这三个女儿很不好，而对小儿子却十分宠爱。

女儿如果觉得自己不被接纳，或者没有男孩那么受宠，她就会责怪自己，觉得自己“不够好”。她会为自己的性别感到羞耻。后来，她逐渐意识到，自己并非不如男生，所以就极力向父母展示自己的价值，让自己变得和男孩一样能干。因此，许多中国女性的事业心非常强。她们注重培养自己的男性气质：追求成功，富于野心，态度坚决，充满力量，注重效率，等等。她们忽视自己身体的需要，把大部分注意力放在头脑上。她们拼命追求成功，寻求人们的认可。这种被认可的感觉是她们作为女孩无法拥有的东西。有的女孩天生丽质，充满了女性美，但为了得到父母的爱，她却把自己变得像个男孩子。也许她本来该当个艺术家，最后却成了电脑工程师。

如果父母偏爱男孩，他们的女儿就会认为：女孩应该注重男孩的需求，给他们提供支持，帮助他们成功。在很多中国家庭中，大女儿的角色和母亲类似。这些女孩长大之后，会更像她们丈夫的“妈妈”，而她们的丈夫，由于小时候受到偏爱，会觉得自己像小男孩，总也长不大。这些女性的感受和行为总是很矛盾。一方面，她们牺牲了自己的需求，只关注丈夫和孩子的需求；另一方面，她们在无意识中会对这种不公十分抗拒。常见的表现方式包括：被动、暴躁、争强好胜，或是对丈夫十分苛刻。

如果一个人觉得自己不受重视，他就希望在将来超过别人。这是一种补偿心理。然而，无论是自卑感还是优越感，都会让人觉得孤独。

有些女孩觉得自己在家里没有存在感，于是就不爱说话，总是躲在一边。她们很难开口，无法表达自己的需求，更无法争取自己的空间。她们处处取悦别人，认为他人的需求更重要，并且总是轻易放弃。

如果父母对于儿子过于偏爱，这个孩子就会处处争强，显示自己的重要性。他以自我为中心，总是希望自己比他人拥有的更多。我认为，这也是贵宾服务在中国男性中十分流行的原因之一。在这种服务的背后，是一种对于与众不同的渴望。特殊待遇让男性有被偏爱的感觉，而他的存在感也正是以此为基础。毫无疑问，这会让他成年时期的关系不太和谐。另外，有些曾经受到偏爱的男生工作十分努力，拼命争取成功，以此来并证明他受到的偏爱是合理的。他们承受了巨大的压力，这种压力可能会持续一生，

偏爱并不一定和性别有关。父母偏爱的理由，可能是孩子的年龄顺序，或是他们看重的特点：听话、安静、聪明……被冷落的孩子经常会遭到父母有意无意的批评，因为他们不具备父母看重的特点。

比较

“看看你弟弟，他比你小，但比你爱干净多了。”父母有时会把孩子拿来比较，想用这种方式来激励他们，使他们进步。但是，他们没想到，自己的偏见也许会被孩子这样解读：“他比我好，我不够好，爸爸妈妈不喜欢我，他们会抛弃我。”

孩子如果总是被父母拿来比较，他们就会养成一种不健康的竞争心态。他们会感觉不安，觉得自己的能力被低估。以恐吓的方式来激励孩子，只会成为一种指责，让他们承受巨大的压力，变得焦虑不安。

独生子女也会成为比较的对象。他们会被拿来和邻居家的孩子相比。所谓“正确的教育方式”也鼓励这种比较。请看这样一个例子：爸爸妈妈带孩子去公园散步，路上碰见了一位邻居。邻居夸这个孩子又漂亮又聪明。爸爸妈妈出于礼貌，不假思索地回答：“哪里哪里，你家孩子漂亮多了，聪明多了。我们这孩子又倔又调皮。”这种否定自己、赞扬他人的方式，是中国文化中出于礼貌的一种谦卑的表现。然而，孩子看到听到这一切，把爸爸妈妈的话

当了真。他年龄太小，无法理解父母的行为。他并不知道父母这番话只是出于礼貌，而并非他们真正的想法。孩子会信以为真，觉得爸爸妈妈说的就是实话。他会觉得自己遭到排斥，认为自己全是缺点，一无是处，并为此深深地自责。

兄弟姐妹夭折

亲人去世会给孩子带来很大影响。我们在此着重讨论兄弟姐妹夭折的情况。孩子也许是后来出生的，没见过这位夭折的兄弟 / 姐妹，但这件事仍然会造成重大的影响。有些时候，父母会把逝去的孩子塑造成一个理想的形象，其他的兄弟姐妹无论有多优秀，都赶不上他 / 她。他们会觉得，父母永远不会那么爱他们。另外，父母失去一个孩子之后，可能会给后来生的孩子取一个相同的名字。第二个孩子会觉得无法做自己，只能把自己塑造成别人的样子，从而背负了巨大的压力。还有一种情况，父母失去了一个孩子，于是绝口不提，当他从来没有存在过。家庭系统排列疗法的创始人海灵格（Bert Hellinger）常说：把家庭成员从家庭意识中排除，会让整个家庭失去和谐。如果逝去的孩子被家人遗忘，其他孩子中的一位就会扮演他的角色。

第八章
人格背后的刻录

父母之间的矛盾

很多刻录与父母之间的关系有关。我们对婚姻的初步认识，就来自于父母的婚姻关系。他们之间的关系会在我们头脑中树立一种模式。很多关系之所以复杂，是因为每个人都有许多方面，而其中一些方面是互相矛盾的。在关系中，我们首先会展现出最好的一面，以此来赢得对方的爱，但双方身上的矛盾迟早会显现，彼此影响，变得越来越多。此外，在我们小的时候，没有人教我们如何处理亲密关系。我们对此知之甚少，只能通过模仿父母，或是从自己的错误中学习。

对于孩子来说，父母是他们一切所需的来源。如果他们经常争吵，孩子便会觉得不安。此外，孩子没有时间观念。也就是说，对他们来说，眼前的事物即是全部。孩子不会觉得“爸爸妈妈这会儿在吵架，但明天就会和好。”父母之间的矛盾，尤其是暴力行为，对于孩子来说，无疑是一次情绪世界的地震。他的整个世界会被撼动，这让他恐惧不已。他的情绪瞬间凝固了，想要逃到另一间屋躲起来，不想再看到他们，不想再听到他们的声音。他会哭，会大叫，或许还会保护父母中弱势的一方，或是他感觉亲近的一方。看到父母之间的争斗，他也成了受害者，同时会对这一切感到内疚。

父母应该避免在孩子面前争吵。然而，就算他们关起门来吵，对孩子仍然会有影响。父母的情绪互相传递，而孩子就像他们中间的一段导体。父母之间对彼此的感受，都会从孩子身上穿过。他们之间的交流犹如一阵阵波浪，而孩子则被笼罩其中。他可能并不明白，爸爸妈妈之间到底发生了什么，但他会有感受，并且会做出反应。如果父母经常争吵，他们的孩子长大之后，很可能会对子女甚至父母发脾气。父母压抑的情绪会在孩子身上显现出来。他们就像镜子，不断映出父母的阴影。这并不是说，孩子所有的情绪都是源于父母。从体质上来说，孩子生来就带有一定的趋向。一对双胞胎，如果由父母在同样的环境中同时培养，就会形成很多相似的情绪和行为，但同时又有所不同。

在孩子的心底里，他们爱爸爸，也爱妈妈，并忠于父母双方。然而，父母之间出现了矛盾，孩子被迫站队，保护弱小的一方。同时，父母也会使孩子卷入这场争斗，拉拢他们，使其针对另一方。在父母中选择一方，必然会背叛另一方，这对孩子来说是极大的痛苦。

心理学家们发现，孩子会出于对父母的爱，为他们承受一些负担。例如一个四岁大的孩子觉得妈妈非常孤单，他就迟迟不肯断奶。这样不仅可以让妈妈一直陪着他，还可以显示自己对妈妈的关心，仿佛是说："因为有我，所以你不再孤单。"虽然这种行为源于爱，但它并没有解决问题。父母的负担应该由他们自己解决，而孩子应该轻松愉快地生活。对父母来说，养育孩子的过程，也是促进个人成长的好机会。

如果父母之间争吵不断，甚至大打出手，孩子成年之后，就会把这种气氛带到自己的家庭中。有些情况则正好相反：孩子成年之后，极力避免各种不和，绝不让冲突发生。他们对别人百依百顺，不断讨好，即便自己与人意见相左，也从不表达出来。

练习：父母之间的关系对我们的影响

你对于父母之间的关系有哪些记忆？

____

____

____

印象中他们吵过架吗？

你见过他们之间的暴力行为吗？

你看到他们不和的时候，有什么感觉？你觉得自己支持谁？你觉得自己能做些什么，使他们不再争吵吗？

他们争吵时，你觉得内疚吗？你会劝他们吗？父母之间的关系，让你承受了哪些负担？

父母离婚或分开

父母离婚对孩子有极大的影响。家庭的破碎，会给孩子造成内在的分裂。但是，每个人的情况不同，影响也不一样。有些父母虽然住在一起，但情感上已经分开了。家庭陷入一种冷战的状态，父母表面上在一起，但心里的爱已不复存在，取而代之的是苦涩和仇恨。一种紧张的气氛笼罩着整个家庭，父母不时恶语相向，甚至大动干戈。爸爸经常不回家，或是回来得很晚，妈妈被冷落在一旁，心里满是恨意，怀疑他是不是在外面有人。

父母应该尽力挽回他们的关系，以互相尊重的方式交流，彼此了解对方的需求和感受，或是通过阅读，参加个人成长课程，向专业的婚姻咨询师进行个案咨商，等等。

任何一段关系都需要维护，需要我们不断地关注。

确实，有些夫妻努力恢复正常的关系，但几年下来，还是无法做到。也许他们彼此已经不再适合，或者已经不爱对方。任何一段婚姻都会经历几年热恋的阶段，随后激情便会慢慢消退。然而，这时候的默契和陪伴也十分宝贵。如果不和谐的因素侵入这段关系，而所有挽回的努力都以失败告终，那么，比起持续紧张的状态或是充满硝烟味的气氛，带着关心和尊重结束这段婚姻，或许能给孩子留下更积极的刻录。

父母无法对孩子掩饰真相。正如之前所说，孩子们非常敏感，他们能体会父母的心情和情绪。如果父母之间有矛盾，孩子就想要提供帮助。然而，他们并没有这样的能力，他们的身份也不适合这样做。有时孩子会采取极端的办法，例如离家出走，硬要养只小猫小狗，或是进入漫不经心的状态。

说到底，孩子都希望爸爸妈妈快乐。快乐、和谐、平和地生活，这是父母能给予孩子最好的礼物。要保持快乐与平和的状态，父母就需要多学习生活的艺术，了解自己的头脑、固定的模式、情绪，等等。如果父母不安、悲伤的状态持续得太久，分开之后反而更快乐，孩子就会得到解脱，不必活在噩梦之中，在充满硝烟味的家里继续煎熬。如果父母苦撑着维持这种状态，无疑会成为孩子的反面教材。他们如果能直面自己的痛苦，寻求积极的解决办法，则会给孩子留下重要的一课。

父母争吵的时候，总是会对孩子进行操纵，以便让另一方感到不快，而不是彼此直接交流。他们或许会教唆孩子，使他对另一方产生反感，或者在背后说些坏话，甚至从孩子那里探听另一方的消息。这种做法无异于把孩子当成人质。

父母的婚姻问题，应当尽量自己解决，不要把孩子牵扯进来。体贴、关心、尊重，才是和谐婚姻的基础。

父母的婚姻是孩子所见的第一段关系。如果他们分开了，孩子就会对未来的关系感到不安，他们也许会觉得困惑：爱到底有什么意义？

有些父母在离婚之后，迅速开始了一段新的关系。爸爸／妈妈新的伴侣对孩子是否关心，会影响整个家庭的气氛。如果继母／继父充满嫉妒，或是对孩子漠不关心，或许会给孩子留下极为负面的刻录。在这种情况下，孩子缺乏父母的保护，就会觉得自己遭到了遗弃，于是把自己封闭起来，无法融入新的家庭。相反，如果继父／继母对孩子非常关心，孩子的生活就会变得更加多彩。

父母的期望

很多父母并没有在个人成长方面下功夫。他们并不会鼓励孩子们做自己，而是不知不觉地将孩子照着自己的样子培养。孩子会觉得，自己必须实现父母的目标，满足父母的要求，这种期望给她造成了很大负担。这样一来，父母的目的就不是让孩子实现自身价值，而是通过这个孩子来实现他们的价值。对于不少父母来说，孩子只不过是维系婚姻的手段，给迷茫的妻子安上母亲的角色，或是传宗接代的需要，或是弥补父母失去孩子后留下的情感空虚。如果父母本身并没有成长，他们就不会把这个新生命当作一个独立的个体，并且对他全然地尊重。他们把期望都压在孩子身上，并且在心里不断地重复，这会给孩子造成极大的负担。

体罚

体罚是一种简单粗暴的教育方式。除了给孩子留下身体的痛苦，它还会让孩子感到羞辱。对于许多孩子来说，体罚如同家常便饭。

对于体罚，我们要注意父母当时的态度和情绪。孩子不仅能够体会身体的伤痛，也会感受到父母的情绪振动。如果爸爸工作压力大，或是对于自己的婚姻不满，他在打孩子的时候，就会把自己的负面情绪传给他。这种负面的情绪，有时比身体的伤痛更加严重。有的情况则与此不同。孩子想要冲到马路中央，爸爸反复喝止，但没有效果，于是抓起孩子，使劲摇动他的身体，厉声告诉他这样做的危险。在这个例子中，爸爸的行为只是针对当时的情况，同时体现出关心孩子安全的态度。

如果孩子经常受到家里人的体罚，而体罚者当时又充满了情绪，恐惧和侵犯的记忆就会留在他们身体里，对他和自己身体的关系造成负面影响。他在无意识中，会有一种对亲密关系和身体接触的恐惧。这种紧张的情绪，如同给自己披上了一层“肌肉盔甲”。相关研究不断表明，经常遭受体罚的孩子，可能会将父母、兄弟姐妹、朋友当作攻击的对象。这并不意外，因为体罚孩子的行为，无疑是一种暴力的演示，让孩子觉得攻击行为才是解决问题的正确方式。此外，体罚也会引起一系列精神健康问题，例如抑郁、焦虑、滥用药物、酗酒等。最新的神经影像学研究表明，体罚甚至会对人脑中与智商有关的部分造成影响。令人高兴的是，在许多国家，人们对于体罚的看法有了改变，甚至把它视作一种非法的行为。取而代之的是更为积极的教育方法。

被冤枉

有些父母凡事都要责怪孩子。他们的语言和教育方式中都充满了羞辱的意味。这种责备的行为给孩子树立了一种负面的形象。他们有时会反抗，不接受父母的批评，觉得自己被冤枉了。这让他非常沮丧，非常愤怒。然而，他无法表现自己的愤怒，只能把它压抑在无意识中。时间一长，他逐渐接受了父母为他树立的负面形象，使自己觉得羞耻和不安。

有时候，父母对孩子的惩罚，其实是一种误会。例如爸爸看见女儿在大哭，于是不假思索地打了大儿子，以为是他的错。但其实女儿是自己摔倒了，所以才哭，但爸爸却以为是大儿子欺负妹妹。凡事都被责怪、被冤枉，会让我们感觉孤独，觉得自己不被理解，还会影响我们对于自己的认识。最后，我们真以为自己犯了错，到处都是缺点。于是，我们总想找机会证明自己，向爸爸妈妈体现自己的价值。

批评和评判

有时候，语言的破坏力极大，会给人造成深深的伤害。诸如“你什么都做不好”这样的话。如果这种反复的批评、负面的评判来自于主要的照顾者，它们便会在孩子的头脑中扎根。时间一长，这些评判的声音越来越多，对孩子的信心造成极大伤害。如果经常被批评，孩子就会觉得“我不好，我不重要，我全是缺点，不值一提，不值得被爱”，或是“我没用，我不完美，我身上都是缺陷”，“我肯定是什么地方不对”。这样一来，孩子就害怕别人看到她真正的样子，害怕自己得不到爱。于是，她把真实的自己藏起来，变成另外一副样子，以此来赢得别人的认可。“我生来就是个错误”，这是很多人根植于心底的念头。

批评的行为具有传染性。经常受到批评的孩子，对自己也会十分严苛。

在几百年的时间里，批评像传染病一样传播，让越来越多的人染上这一经历，成了最常见的一种刻录。

我们经常会使用攻击性的语言，评判他人，责怪他人，而从不谈论我们自己的感受和需求。我们常用贬低人格的方式来批评别人。我们会说：“你很懒”，而不是“你花的功夫不够”。我们会说：“你这个人有问题”，而不是“你没有按照我说的去做”。

过度的批评是一种扭曲的爱。它结合了关心和恐惧两种情绪。我们的本意是保护别人，但结果并不是这样，反而给人造成了更大的伤害。也许，最好的搭配应该是“一分批评，九分鼓励”。对于孩子的行为、能力和好奇心，我们应该多加鼓励，这样可以使他更有动力，尽力做到最好。别人说的话会对我们造成影响。如果我们听到的话不断重复，无论它的程度是否强烈，都会被深深地刻在头脑中。批评就像钉子，父母锤击得越多，它在我们的人格中就钉得越深。

父母经常用威吓的方式迫使孩子听话。“如果你不听我的，我就不爱你了”，“如果你不乖，我就把你一个人丢在这儿”。这让孩子觉得，如果他达不到父母的期望，就会被抛弃，或是被忽视。这让他感到非常不安，并且会影响他成年的生活。如果父母的角色不可靠，对他的爱并不是始终如一，孩子的信任就会受到伤害。我们都需要有人照顾，特别是小的时候。

羞辱

孩子对羞辱非常敏感。遭到羞辱的时候，自己的弱点被别人暴露于人前。羞辱孩子的人，可能是父母或老师。他们在邻居、同学、家人面前批评孩子，嘲笑他，甚至动手。被羞辱是一种强烈的刻录。有过这种刻录的人，对羞辱的记忆非常清晰。孩子很早就学会了维护自身形象，如果别人不尊重他，他就会觉得尴尬、不安、生气。羞辱会深深地伤害人的自尊。如果一个人小时候曾被羞辱，他长大之后，人多的时候或是受人关注时，就会感觉不安。在羞辱的刻录中，我们学到了一点：不能把自己暴露在他人面前，所以我们变成了旁观者。人们如果有过这种刻录，就无法在公众场合自如地讲话，别人的嘲笑和轻视也会让他们的内在小孩特别恐惧。即使头脑中知道周围的人都是可信的，态度也十分尊重，他们还是会感到恐惧。

学校里有时会举行表演，学生家长在台下观看，这样的场合会让有些孩子十分紧张。他们的头脑会突然一片空白，一想到要在许多家长面前表演，他们就十分恐惧，身体也变得僵硬。他们觉得这样被暴露于人前，是一件非常尴尬的事。不过，有些孩子舞台感很好，也喜欢得到人们的关注和表扬。老师和家长应该注意，不要强迫孩子进行表演。如果老师在课堂上尊重孩子，对他们多帮助，多鼓励，并且对于积极的学生给予奖励。这样，公众演讲对孩子来说，就不再是一件难事。要在众人面前展现自己，孩子首先要建立信任。而且，在培养这种能力的时候，我们应该尊重每个孩子自己的节奏。

被欺负

有时候，孩子会受到欺负。这时，对方仗着自己身体、年龄或是人数的优势，对孩子进行侵犯或恐吓，而孩子则处于弱势地位。侵犯的形式可能是通过情绪、语言或是身体的侵犯，表现为威胁、嘲笑、侮辱，以及身体的暴力。对方或许在体型上占了优势，或是在能力上压过被欺负的人。

小时候被欺负的经历，通常会清晰地留在人们的记忆中。这种经历不仅会伤害我们的自信心，也会伤害我们对同伴和团体的信任。有的人被欺负的时候，没有任何还手之力，巨大的恐惧让他全身僵硬。之后，只要出现类似的情况，他都会感受到这种恐惧。在让—克劳德·罗桑（Jean-Claude Lauzon）导演的电影《里欧洛》[27]（*Léolo*）中，就讲述了这样一个故事。里欧洛的哥哥小的时候被人欺负。之后，他就拼命健身，努力让自己变得强壮。过了几年，他强壮得可以让弟弟在自己身上做俯卧撑，身体几乎是原来的三倍大，到处都是结实的肌肉。过了几年，他们又在一条小巷里碰见原来欺负他们的那个人。里欧洛的哥哥亮出肌肉，准备向他复仇。那人一点也不怕，照样向里欧洛哥哥打去。里欧洛的哥哥想吓退他，但那人毫不示弱，又打了他几下。里欧洛的哥哥仿佛回到了当初被欺负的时候，觉得自己像个小孩，吓得一动不动。他现在虽然有了一身肌肉，可他的反应还是和原来一样。他对此毫无办法，不断地痛哭。被欺负的事件发生之后，被刻录的不仅有事件本身，也有我们做出的反应。我们当时的行为会被记录下来，成为应对侵犯的一种模式。在那之后，面对相似的情况，我们还是会做出同样的反应。然而，如果被欺负的孩子并不是毫无反应，而是逃跑或者还手，这对他的启示就是："你可以积极地应对，你可以保护自己。"这样，刻录的伤害程度就会较小。

性侵犯

性侵犯是伤害最大的刻录之一。根据具体的情况来看，侵犯的强度有所不同。例如有些行为发生在暗处，是肇事者在暗处偷窥孩子的裸体，或是向孩子暴露性器官，以此满足其性欲。其他的行为包括触摸身体某些部位，甚至强奸，等等。这些行为都充满了暴力和羞辱，是对孩子身体和隐私的极端侵犯。它们造成的心理影响极其强烈，也许会给孩子的一生造成负面的影响。各个事件的发生频率不同，肇事者与孩子亲疏程度不同，所以造成影响的程度也有区别。显然，发生的次数越多，造成的伤害就越大。如果肇事者与孩子的关系越亲密，例如父母、叔叔、兄弟姐妹等，造成的伤害就越大，因为这会让孩子觉得困惑和不安。对孩子来说，家人应该是养育他、保护他的角色，而不应该让他感觉危险。这时候，如果妈妈对此视而不见，刻录的伤害会变得更大。

有的侵犯行为会造成身体上的痛苦，有的则不会；有的行为还会带来身体的快感，有的则不会。被侵犯的孩子通常缺乏关注和温暖。受到侵犯的时候，她也许正好获得了难得的与人接触的机会。同时，这又会让她们自责，觉得自己好像成了帮凶。她们很可能会养成这种观念：只有通过性接触、性吸引，才能体现自己有多重要。她们逐渐养成了习惯，经常以引诱的方式获得关注和爱。而对另一些孩子来说，在这种经历之后，她们从心底里就对性十分抗拒。这其实就像硬币的两面。总之，孩子和自己身体的关系受到了巨大伤害。

经历了这样的刻录，孩子会感到十分羞耻，并且非常内疚。她们责备自己，把对肇事者的抗拒、愤怒和厌恶转向自己，对自己十分痛恨，看不起自己，可能还会产生自虐的行为。

在受到侵犯的时候，孩子一直处在恐惧中，觉得自己一点力量也没有。她们的身体变得僵硬、麻木，同时拼命地把注意力移开。疗愈这种刻录需要极大的耐心，而且必须由经过专门训练、擅长处理创伤后压力的心理治疗师来进行。

家庭的秘密

“叔叔打仗的时候杀过人”，“爸爸曾经几次出轨”，“我弟弟不是亲生的”，“我爷爷在坐牢”，“我表哥因为精神病进了医院”，“我小时候，姐姐摸了我那里”……孩子心里藏着一些家里的秘密，并因此感到羞耻，觉得压力很大。心里藏着这些秘密，同时又必须对家人忠诚，不能有损家族的颜面，更不能失去他们的爱。就算孩子不知道家里的秘密，也会受到很多微妙的影响，因为这些秘密藏在家庭无意识中。这些不能说的秘密会让孩子非常困惑。

家人的背叛、贫穷、家庭暴力、精神疾病、乱伦、送养孩子、私生子、同性恋、偷窃、破产……这些不被社会接纳的行为，给家庭带来了巨大的耻辱，将家庭的阴暗面放大。通常家人们向社会呈现的形象却正好相反，似乎从表面来看，一切都很和谐纯净。

失去重要的人

很多人有过小时候失去亲人的经历，这是一种主要的刻录。这个人可能是妈妈、爸爸、兄弟姐妹，等等。如果亲人突然离世，造成的创伤则更为严重。有些孩子小时候由祖父母抚养，爷爷奶奶对于他们来说，如同父母一般。但他们年事已高，或许在孩子尚还年幼时，就离开了人世。这对于孩子来说，是一种重大的缺失。

孩子观察世界的方式是以自我为中心的。亲人的离世让他们觉得自己遭到遗弃，感觉生活失去了意义。第一次面对死亡的他们，会感到不知所措，唯有把目光投向家人，看他们如何应对。如果成年人的反应较为自然，他们也就能承受这种痛苦，并感到宽慰，这样创伤的影响就会减轻一些。

如果去世的是父亲 / 母亲，孩子就会把他 / 她的形象理想化。在他的想象中，去世的父母身上具有完美的品质，正好是他心里渴望的那样。如果父母在久病之后去世，关于健康和疾病的记忆，就会深深印在孩子心中。很多情况下，他们会强迫自己注意健康，对食物、营养、锻炼都十分看重。

至亲的离世让人感到悲伤。这种经历太过痛苦，于是我们将自己的感觉从头脑中剔除出去，藏在无意识中。在疗愈内在小孩时，我们可能会发现，这些痛苦一直被冰封着，等待我们用爱的温暖去化解，去疗愈。

失去的童年

很多孩子因为家庭成员众多，或父母忙于工作，从小就得承担家庭的责任。他们通常过早地成熟，变得像个小大人。他们小小的肩膀上担子很重，无法像其他孩子一样玩耍。天真无忧的童年，被无情地剥夺了。

这些孩子长大之后，常常会过于严肃，承担过多的责任。从小父母就教导他们，工作就意味着牺牲，与快乐、享受毫无关系。他们很小的时候，内在小孩就被埋藏起来，盼望着某一天可以自由地玩耍。

练习：父母的养育方式是怎样的

在中国，我常发现，很多母亲较为严厉，控制欲强，而父亲和孩子则有些疏远。另外，严父慈母的例子也很多。还有一种情况，父母忙于工作，让老一辈帮忙带孩子。他们关注的是孩子的生存需要：吃饱穿暖，有住的地方就行。另外，学习成绩也是重中之重。这一类父母把工作放在第一位，使家庭的基本需求得到保障。他们大多不太重视和孩子的情感交流，相处的时间也比较少。

这些问题并不是对父母进行评判，它们会帮助你发现，并且思考父母对你的童年有哪些影响。

妈妈对你很严格吗？

____

妈妈经常惩罚你吗？

____

妈妈是不是从来不讲道理，只是简单地说："你必须听我的"？

____

妈妈对你宽容吗？（不提太多要求，不会把你管得太严）

____

妈妈是经常在你身边，还是很疏远？

____

有没有觉得妈妈把自己看得比你还重？

____

妈妈愿意听你的问题吗？

____

犯了错，你能得到妈妈的原谅吗？是不是逃不过她的惩罚？

____

妈妈允许你有一定的自主性吗？是不是凡事都要把你管着？

____

妈妈是不是在生活各个方面都关心你，帮你解决一切问题？

____

爸爸对你很严格吗？

____

爸爸经常惩罚你吗？

爸爸是不是从来不讲道理，只是简单地说：“你必须听我的”？

爸爸对你宽容吗？（不提太多要求，不会把你管得太严）

爸爸是经常在你身边，还是很疏远？

有没有觉得爸爸把自己看得比你还重？

爸爸愿意听你的问题吗？

犯了错，你能得到爸爸的原谅吗？是不是逃不过他的惩罚？

爸爸允许你有一定的自主性吗？是不是凡事都要把你管着？

爸爸是不是在生活各个方面都关心你，帮你解决一切问题？

爸爸妈妈是不是共同承担养育你的责任？

如果不是，谁照顾你更多一些？

我们对于内在世界的认识是来自于父母吗

孩子在成长的过程中，父母会带孩子认识周围的世界。“这是苹果，可以吃的”，“那个绿色的小人是交通灯，它一亮，我们就可以过马路了……”我们要学会描述精彩的外部世界，也需要认识自己的内在世界。小梅的玩具丢了，她不停地哭。妈妈说："你最喜欢的玩具不在了，你一定很难过。"小红不小心摔倒了，她爸爸说："你膝盖一定很痛。"小雪的妈妈带她去看马戏表演，她第一次看见小丑，眼睛都亮了。妈妈于是对她说："你看到小丑了，一定很兴奋吧？"各种情绪、感受、心情、意愿、态度、念头，都可以描述出来。这样，孩子才能对自己的内在世界有所认识。

然而，父母在养育孩子的时候，也许并不了解自己的精神世界和各种情绪。

很多年以来，我们的祖辈对生存问题更为关心，把注意力放在外部世界上。他们对情绪以及头脑的运作方式不甚了解。没有人教他们如何养育后代，如何保持家庭和谐，但每一代人都付出了最大的努力。每一代人养育后代的方式都带上了祖辈的影子。家庭的问题，其实也是个人的问题，每个人都应该尽量解决。这一过程可能会很长，充满了痛苦的尝试和错误的经历。

很多父母让我给他们一些建议，告诉他们如何处理孩子的问题。我常说，教育孩子，并不仅仅是采纳专家的建议，或是通过看书来学习。教育是一种人与人的交流，父母教育孩子的方式，其实是他们自身情绪成熟度的表现。

父母给孩子最好的礼物，就是让自己变得更成熟，更和谐，更快乐，更坚强，更能激励人心。

养育孩子时的矛盾

很多时候，我们会发现，自己所受的教育充满矛盾之处。这样的例子并不少见。女孩的父母经常吵架，甚至大打出手。有一次，妈妈到学校和她老师谈话，却说家里面没有什么问题。男孩的爸爸经常说要做个诚实的人。然而，儿子却发现，爸爸经常对朋友、邻居说谎。爸爸妈妈要孩子做到的，自己却没有做到。比起父母说的话，孩子从他们的心情、态度、行为、肢体语言中学到的更多。

我们是否应该向孩子解释

孩子们需要解释。妈妈要做手术，之后会住院一个星期。她八岁的女儿并不知道发生了什么，心里十分焦急，不知所措，觉得自己被妈妈抛弃了。大人需要考虑孩子的感受。只要用简单的话语向孩子解释，他们就能理解。有时候，父母觉得孩子太小，所以无法理解，但其实他们的理解力比我们想的要强得多。有时候，父母不愿给孩子解释，以为这样可以保护他们，但如果不说，孩子便会胡思乱想，这样造成的伤害更大。不过，这并不是说，我们一切都要和孩子讲。父母要有所选择，哪些应该让孩子知道，哪些是他们能消化的内容。

小文今年七岁了。一天，爸爸正在给他做早饭，一边做，一边说着今天的安排。这样，小文也可以做好心理准备，迎接一天的生活。有一次，爸爸要出差，于是和小文一起坐下来，用简单的语言告诉他，爸爸要去哪里，做什么，什么时候回来。小文很喜欢和爸爸在一起，所以听到这个消息，或许会露出不开心的表情。他爸爸会说："爸爸知道你不高兴。但是爸爸三天就回来了，爸爸会想你的，爸爸爱你。"这样，他儿子就会觉得非常安心。

凡事都"不准"

"不准"这个词，在教育孩子的时候经常出现。"不准拿遥控器"，"不准大喊大叫"，"不准那样坐着"，"不准这么说"，"男孩子不准哭"……我们来看看，如果照顾孩子的需求，给他们适当的引导，会有什么不同。"宝贝，你好像对遥控器很好奇呢，让爸爸告诉你怎么用好不好？”“宝贝，你说话这么大声，是不是买了新玩具很兴奋呀？不过，现在安静一下好不好？不然会吵到邻居的。”“宝贝，你这样坐会很累的。我来帮你坐直一点，你就舒服多了。”“你说的我都听到了。”“宝贝，你可以哭的，没关系。男孩子也会哭，这很正常。”

有时候，我们也需要说“不准”。但是要注意说话的时机和方式。这会让孩子懂得，凡事都有个限度。然而，如果“不准”说得太多，就会给孩子传达这样的信息：“我一点用也没有，爸爸妈妈什么也不让我做，我无法表达自己。”这会让孩子觉得处处受限，给他带来不好的影响。然而，过了很多年，孩子长大了，过去一直说“不准”的父母，却把“不准”换成了“你要”：“你要这样，你要那样，你要成功，你要表现自己，你要自信，你要积极一点，你要主动一点，你要实现自己的目标……”两种不同的模式，让孩子的内心十分矛盾，觉得压力很大。在两种模式中，对孩子影响更大的是前者：限制性模式。正如我们之前所说，孩子年龄越小，父母对他们的影响就越大。这两种矛盾的模式，会让孩子成年之后缺乏信心，虽然不断努力，但都以失败告终。

动荡的家庭

小魏害怕回家。每天放学的时候，他都不知道家里会发生什么。爸爸嗜赌如命。有时候，爸爸抱着他，还帮他做作业，充满了慈爱；有时候，他像着了魔一样赌博，对小魏无缘无故地大骂。小魏觉得爸爸像是变了一个人似的，让他非常害怕。

小萍有时很怕妈妈。她妈妈总的来说挺关心人，但是因为她有躁郁症，经常会进入抑郁状态，一发病就是几天，躺在床上不起来。这时，小萍就得自己做饭，还得照顾她。有的时候，她妈妈语速会突然加快，不停地讲话，让她根本没有时间睡觉。

小魏和小萍都希望有人能帮助他们。他们希望老师、邻居或是爸爸妈妈的朋友了解这种痛苦，并让他们解脱出来。不过，虽然家里动荡不安，可这毕竟是家庭的问题，只能由家人自己解决。这种问题的特殊性使得孩子们只能听任生活的摆布。

很多失去和谐的家庭并不会正视他们的问题。就算问题十分严重，难以掩盖，他们也会说："这是正常情况，没什么大不了。"

在这些不和谐的家庭中，父母通常会呈现和外界全然不同的形象。他们平时和正常人没什么两样，只有在家庭环境中，才会表现出自己的黑暗面。

家庭对孩子的影响的典型事例

儿子很成功，但内心却觉得很内疚，因为他超过了父母的成就。父母辛苦了一辈子，也没挣到什么钱，这让他觉得，自己的富有是对家庭的一种背叛。

儿子一直觉得自己是母亲的负担。成年之后，他每次谈恋爱，女朋友都没有真心接纳他。他总是被拒绝，使得伤痛越来越深。于是，他以工作为借口，不愿面对这些情绪，把时间都用来打理公司。虽然这样，他心里还是觉得不被承认，好像和这个世界格格不入。

父母经常给孩子灌输这样的观念：工作是一种责任，你必须努力，必须做出牺牲。

爸爸每次都没能实现对儿子的承诺。他没有好好陪儿子，感觉非常内疚，儿子也想多和爸爸相处，但他总是不在。出于一种内疚的情绪，爸爸向儿子承诺，下次就带他去游乐园玩，下次就去他最喜欢的餐厅吃饭，以后会多陪着他……然而，到了那一天，爸爸却总是说："下次吧。"孩子觉得自己一点都不重要，心里非常失望。

妈妈发现爸爸在外面有人了，还和别人生了孩子。她非常失望，非常受伤，但她怕别人知道这件事，也怕伤害女儿，于是没有和爸爸离婚。不过，她内心的痛苦和孤独与日俱增。她不断向女儿灌输对男人的恨意，结果女儿长大后，总是找不到合适的对象，因为她总是无法信任对方。

女儿从妈妈那里学到一点：只有生病，才能得到别人的关爱。

姐姐很嫉妒弟弟，于是总是用自己知识上的优势来压倒他。

弟弟一不听话，姐姐就打弟弟。弟弟希望妈妈可以帮他，但妈妈却视而不见，这让弟弟觉得很伤心。

妈妈把她女儿管得很严，怕她出什么事。妈妈不让她和同龄人一起玩，什么活动都不准参加。女儿总是听朋友说玩得有多开心，但自己却无法加入，她觉得很孤独，很沮丧，觉得自己不如别人。

爸爸一直都觉得妈妈很疏远。

家里几代人都有抑郁倾向。这给孩子灌输了一种信息：生活是痛苦的过程。

爸爸总是很凶，妈妈很怕他。这种情况下，孩子被灌输的信息是：别像你爸那样。为了保证自己能得到妈妈的爱，儿子就压抑了自己的男性气质，变得十分温柔，喜欢讨好他人。

女孩的妈妈离婚了。后来，她又嫁了人，女孩的继父觉得她不是亲生的，所以一点也不关心她。他住在家里，只不过是因为女孩的妈妈。女孩觉得妈妈离自己也越来越远，好像自己并不属于这个家。

女孩的父母对她没有其他要求，一心只想让她做个贤妻良母。

爸爸希望儿子能够接手家里的生意。

父母不断告诉女儿："如果三十岁之前嫁不出去，你就没人要了！"

女儿经常听妈妈说："男人没一个好东西。"

男孩的爸爸在部队里工作，经常在各个城市间调来调去。每次调动，全家人都跟着一起搬过去。每搬一次家，男孩就得和小伙伴们说再见。后来，为了避免离别的伤痛，他学会了保持距离，不再和人亲近。他习惯了局外人的角色，不知道自己到底属于哪里。

妈妈给儿子取的名字，和她的前男友一模一样。

有位单身的妈妈，总是对儿子百般控制。儿子长大后，有些不想要孩子，因为在他心里有种无意识的恐惧，怕孩子将来也没有爸爸。而对于妈妈，他有着复杂的情感，虽然他们的关系密不可分，但他心里却不想受她摆布。

妈妈对婚姻不满意，和自己父母的关系也不好。于是，她把所有的注意力都放在孩子身上，从他们身上寻找被爱的感觉。妈妈给了孩子巨大的压力，孩子们都有些怕她，不想和她在一起，但同时又有些内疚。他们能感觉到妈妈的脆弱。看着孩子一天天长大，妈妈怕他们有一天会离开家。她对孩子们过分保护，希望他们永远不要独立，不要离开她。

妈妈觉得自己的父母不爱她，所以结婚之后，把所有的希望都寄托在丈夫身上。但几年之后，她觉得丈夫不再关心她，觉得非常失望，很伤心，很孤独。于是，她把希望又寄托在孩子身上，寻找那种被爱的感觉。她没什么好朋友，所以把自己的秘密也和孩子分享，这让孩子们很不舒服。她总是说爸爸的不好："他自私得不得了，还在外面有了人。他的钱全给那小情人了，给你的钱买课本都不够……"她所说的一切，目的都是让孩子站在她这边。妈妈的渴求让孩子们透不过气，结果孩子离她越来越远。如果用乞求的方式寻找爱，只会得到相反的效果。如果妈妈要解决这个问题，只能把注意力放在自己身上，回应自己内在小孩的需求。

孩子的父母都是成功人士。大家都希望这个孩子像他父母一样有出息，这让他觉得压力很大。父母把他送到贵族学校读书，对他充满期望。父母的朋友经常对孩子说：看你爸爸妈妈都那么能干，你也得多努力。孩子的压力很大，觉得根本达不到他们的要求。他非常失落，觉得根本没有动力。他的成绩越来越差，有时考试也不及格。爸爸妈妈虽然平时忙于工作，对他疏于照顾，但孩子成绩出了问题，他们一下担心起来，开始关注自己的孩子。这样一来，孩子很快学会了一种手段：只要自己没出息，爸爸妈妈就会关注他。他太需要关注了。时间一长，他慢慢开始相信，自己就是个没出息的孩子。爸爸妈妈觉得原来对孩子照顾得不够，感觉很愧疚，现在孩子这样，他们更加难受。孩子一直活在成功父母的阴影下，根本无法做自己，也承受了巨大的痛苦。

妈妈和娘家人断绝了一切关系，她的孩子也不和他们来往。妈妈经常觉得自己很孤单。孩子六岁了，还要妈妈喂奶，因为他想通过这种方式和妈妈亲近，减轻妈妈的孤独。孩子不愿离开妈妈的身体，其实是传达出这样一种信息："我陪着你。你不孤独，你有我。"

第二部分

疗愈我们的内在小孩

第九章

如何与内在小孩连接

我一直被藏着。我一直都希望有个人想念我，寻觅我。

我等了太久，但还是没有人来。我需要有人关注我。我希望有人想要找到我，照顾我。

——内在小孩

（CD-1 **没有人来**）

你的小孩藏在哪里？衣柜里？橱柜里？山洞里？树洞里？林子里？谷仓里？阁楼上？还是在你的肚子里？背上？心底深处？

我们每个人心里都有一个脆弱的孩子，她被我们藏了起来。她有时候让我们感觉不舒服、难以忍受。我们不假思索地把她埋在头脑深处。现在，我们可以有意识地把她找回来，用她应得的方式去接纳她。过去，我们对她一直抗拒，现在我们可以用爱和关怀让她重新回到我们身边。

要和内在小孩连接，首先必须对她有兴趣。对内在小孩的兴趣从何处来？我们要和自己合为一体、和自己平和相处；我们要爱自己、疗愈自己、接纳自己；我们要明白：只有通过内在小孩，我们才能充分发掘心中的潜力；只有这样，我们才会对她产生兴趣。

只有对内在小孩真正感兴趣，她才会出来和我们见面。

我们都需要耐心。耐心是一种爱的品质。很多年来，我们一直把内在小孩拒之于意识之外，从未打开门让她进来。内在小孩就像一个得不到爱的孩子，每次她一出问题，就遭到我们的排斥。要把她带回来，首先我们得和她建立信任。兴趣、尊重、善意，是信任的基础。一开始，她可能会对我们新的态度有些疑虑，觉得害怕、生气，但我们要不断地关心她、注意她，慢慢地就会赢得她的信任。

在一株玫瑰中，花是它最柔弱的部分，但也是最美的地方。同样地，我们的心是最柔弱的部分，但也是灵魂所在的地方。玫瑰花瓣合起来的时候，我们不能把它扳开，否则就会伤害它。如果有温暖、阳光、营养，玫瑰花自

然会绽开。每朵花都有自己绽放的速度，有些快，有些慢。而且，每一种花都有自己独特的美。

要接近这个受伤的内在小孩，我们必须带着爱去关注她。带着爱的关注，对灵魂是一种滋养。我们可能要花几分钟、几小时、几天、几年，才能和内在小孩建立足够的信任，让她出来和我们见面。这个脆弱的孩子要有足够的安全感，才会安心地出来。如果我们的意愿是真诚的，她一定会回到我们身边，因为她渴望爱和关注。内在小孩受的伤也许非常深，如果我们和她离得远远的，对她进行评判，她一定会知道，并且不会出来和我们见面。

我们每次感觉不舒服的时候，就把内在小孩关起来。我们要和内在小孩重新建立连接，首先要找到那些被冰封的情绪。我们必须要面对那些令人不快的情绪：恐惧、愤怒、内疚、羞耻……才能遇见那个脆弱的内在小孩。但我们一定要明白：这些情绪并不是内在小孩的本质。只要我们适当地注意，这些情绪便会消失，而内在小孩永远是它们背后的光、爱和力量。

如果我们小时候经历过痛苦的刻录，那么，要遇见受伤的内在小孩，就必须鼓起勇气，处理好她的情绪。无意识头脑像是一个精密的阀门，只有当意识头脑准备好处理情绪时，她才会打开。这是一种奇妙的保护机制，是头脑天生的功能。换句话说，内在小孩有着准确的感知能力，可以判定我们能否处理她积累的情绪。只有当我们全然地接受她的情绪时，她才会向我们敞开。怎么才能拥有心理上的力量，全然地面对这个受伤的内在小孩呢？要做到这点，我们就要积极地生活，而不是仅仅做个旁观者。任何一个积极生活的人都有各种情绪，我们应该渐渐地、有技巧地将自己打开，去体会这些情绪。

只有打开之后，我们才能听到、体会到内在小孩为我们带来的东西。随着我们变得越来越坚强，对内在小孩也更有兴趣、更友好，新的记忆说不定就会突然出现。这一过程会持续几年时间。

内在小孩住在我们的身体里。如果我们只是保持理性的思考，就会切断和内在小孩的连接。我们要定期关注不断变化的身体感受，这样就更容易发现内在小孩的存在。想象和体验内在小孩是完全不同的。内在小孩不仅是一个头脑中的形象，而是一种活生生的状态。我在十九岁的时候，有过一次这样的体验。当时，女朋友抱着我，我突然感受到自己的内在小孩，那是一种非常深的情绪，我完全沉浸其中，好像自己的身体也随之变小了，只有婴儿那么大。情绪消失之后，我才重新感觉到自己成年人的身体。它相对于我刚才变小的身躯，简直巨大无比。

我建议大家和内在小孩连接的时候，不要有预设的想法。不要期望她和你所想的一样，也不要觉得她“应该”觉得怎么样，“应该”说些什么。我们可以让她自然地显现，尊重她的感受。她/他出现的时候，可能是个男孩，也可能是个女孩。她的年龄可能也会发生变化。内在小孩是一个鲜活的、动态的形象。在疗愈的过程中，她会不断地变化。疗愈的过程并非一成不变：最开始，我们看到的可能是个六岁的孩子；过一会儿，又变成一个九岁的孩子；再过一会儿，她好像一下子回到了过去，变成一个婴儿的形象。我们要相信这次内在的旅程，虽然路途并非一帆风顺，但如果我们坚持走下去，内在小孩就会更自信、更有趣、更平和、更快乐。

内在小孩的信号

被忽视的内在小孩会用间接的方式表达。在寻找内在小孩的过程中，我们一定要注意观察一些线索，才能找到正确的方向。下面就是一些有助于寻找内在小孩的信号：

1. 情绪的反应

突然出现的情绪反应，就是来自于内在小孩。如果你注意到自己反应过度，那就把注意力放在身体内的情绪上，并找到激发情绪的源头。可能是某个人说的一句话，或是某种语气，也可能是一种手势或眼神。也有可能是某件事情。例如别人走的时候没有和你告别；别人说要给你打电话，却没有打；你向别人提出要求，却遭到拒绝。也有可能是某个人用命令的语气向你提出要求。观察一下，激发自己恐惧、愤怒、悲伤、被遗弃的感受的原因是什么？我们要关注自己心情突然发生的变化，请注意激发情绪变化的源头也许不在外部，而来自于自己的头脑：其中是否出现了某个念头、画面或记忆？

练习：认识自己主要的情绪反应

下面的内容会帮你认识自己常见的情绪反应。如果某一项符合你在现实生活中的情况，请在后面打钩。

我不时会突然出现一种莫名的恐惧，不知道是为什么。__________

和朋友聚会的时候，大家的目光突然落在我身上，我感觉很不舒服。__________

有时候我睡不着，心里总是很忧虑。__________

我很容易对别人生气。__________

我一想到接下来要做的事情，就感觉特别紧张/全身都绷得紧紧的。__________

我经常觉得自己很孤独。__________

我经常有这种印象：人们不理解我，他们都不关注我。__________

我经常觉得自己低人一等。__________

我经常无法完成自己的工作，因为我不够优秀。__________

我经常觉得内心很空虚，这让我很不舒服。__________

我总是在抱怨。__________

在生气或是心情不好的时候，我总是会表现出来，但后来又非常后悔。_

我总是觉得别人不喜欢我。__________

我总是担心这担心那。__________

我狠狠地责备自己。__________

我经常觉得自己受到了侵犯。__________

大多数时候，我都不清楚自己的感受。__________

为了避免冲突，我经常讨好别人。__________

我经常头脑一片空白，不知道周围发生了什么。__________

我总觉得自己没有归属感。__________

我很难表现出自己的情绪。__________

我一生气，就会失控。__________

已经决定的事情，我总是不敢去做。__________

我害怕亲密的接触，害怕与人亲近。__________

我总是觉得被自己所爱的人抛弃。__________

我常常把自己和他人相比，总觉得自己缺了些什么。__________

我很容易觉得自己被人忽视，好像自己在亲密关系中一点都不重要。

____

在参加社交活动时，我总觉得自己不善于和别人交流。__________

对于发生过的事，我总是难以释怀。__________

我觉得生活对我不公平。__________

我有时会对家人、朋友、同事破口大骂。__________

我经常觉得自己很尴尬。__________

面对新的工作，我总是觉得："肯定会出问题。"__________

我总是很渴望能从伴侣那里得到关心和爱。__________

我总是答应帮别人做事，却又不能坚持到底。__________

如果你能想到一些上述内容之外的情绪反应，请把它们写下来：

现在，请找出你最常见的三种情绪反应。然后，闭上眼睛，回忆一下，在你的现实生活中，每种情绪是否都能找出一个对应的事件？发生这些事件的时候，脆弱的内在小孩就被激活了。在突然的情绪反应、心情的急剧变化背后，是我们的内在小孩。她正在诉说自己情绪的创伤。请轻轻地问自己：

这一场景是否让我想起了某个刻录？

我第一次有这种感受是什么时候？

小时候，我从谁那里学会了用这种方式来回应？

我的内在小孩有什么需求？我能让自己满足这种需求吗？

____

____

____

2. 强迫行为

我们有时候会发现自己有一些强迫性的行为，做事情的时候非常焦虑，拼命想要填补内心的空虚。常见的例子有：暴饮暴食、疯狂购物、拼命抽烟、手机成瘾、性瘾、酗酒、沉迷电视或网络等。这些强迫行为是一种防御机制，而后面藏着的，正是我们的内在小孩。她用一种逃避的倾向来掩盖自己的各种情绪：如孤独、忧虑、悲伤、无聊、空虚……这样一来，只要某种事物能让我们从难受的情绪中逃离，我们就会对它上瘾。

练习：发现强迫行为背后的内在小孩

结合上面所说的内容，思考一下：自己在生活中有哪些强迫行为？例如暴饮暴食、吸烟、疯狂购物、离不开手机和邮件以及社交网络、聊天软件，等等；还有纵欲过度、勾引别人、埋头工作、有洁癖、整理狂、抓抠皮肤、赌博成瘾、反复检查开关、电器是否关好、门是否锁好，或是说话停不下来……让这些行为在自己的脑海中慢慢浮现出来。这时，你内在的“批评者”也许会跳出来，指责你的强迫行为。然而，指责并不是办法。现在，让我们用关爱、宽容的心态，来探索自己的内在世界。当你看到自己陷入强迫行为时，问问自己：在这种行为的背后，是一种什么样的感受？也许你会发现，这种强迫行为只不过是在掩饰某些令人不适的感受，例如孤独、不合群、焦虑、悲伤、压力、绝望、负罪感、缺乏关爱，等等。一般来说，这些感受都源于内在小孩的伤痛。也许你想逃避，不愿面对这些感受。但现在，请你暂时放下纠结，接纳这种体验。如果你不再抗拒，而是带着爱接纳它，结果会怎么样？不要陷入内疚，难以自拔，而要从中学习，学会放下评判，宽容待己。这些感受像一个受惊的孩子，只要你放下恐惧，不再抗拒，就可以和他们成为朋友。问问自己，在这些感受背后，自己真正的需要是什么？你可以不断努力，停下强迫的行为，清晰而坚定地认识自己吗？你可以对自己负责，满足自己真正的需要吗？

3. 反复出现的梦境

梦可以分为很多种。大多数梦就像头脑的回声，反映了人们白天的生活。然而，有些梦会反复出现。无论这些梦境出现的频率有多高，梦的内容都没有太多变化。反复的梦境经常是内在小孩给我们传递的重要信息。这样的梦大部分是噩梦，让人十分恐惧。这种梦如果经常出现，我们就会对它多加关注。内在小孩很可能是要告诉我们些什么。她非常需要我们的理解。这些梦的意思通常是说：内在小孩对于过去和当下的一些问题感到忧虑，不知道该怎么解决。部分经常出现的梦如下：

*“我考试不及格”

我们有时会梦见考试的场景：迟到、很多题不会做、还没答完就收卷了……这时，我们会觉得很无助。这种梦如果反复出现，就意味着我们正面对着生活中的挑战或某种情况，却没有做好准备。我们不知道自己能否实现别人的期望，害怕自己会让他们失望。

*“我会飞”

如果梦到自己会飞，就意味着自己克服了生活中的局限，感觉更自信，更乐观，更清晰。这是一种快乐的梦。然而，如果我们在飞行时遇到各种问题，就说明我们觉得自己对生活中的局面无法掌控。飞行时遇到障碍，可能意味着某件事、某个人正阻碍自己实现目标。害怕飞得高，意味着自己害怕承担更多的责任，或是不敢追求成功。

＊“有人在追我！”

如果反复梦到自己被动物、怪兽或陌生人追逐，自己拼命奔跑，想藏起来，就意味着我们可能正在逃避生活中的问题。如果我们不解决这些问题，它们就会一直在后面追，这让人觉得很焦虑。这种梦也有可能意味着我们没有实现自己的目标，感觉很生气、很受挫，于是把自身的愤怒投射到梦中的人物身上。对于一些女性来说，这种梦可能意味着自己害怕受到攻击。

＊“我牙齿掉了”

反复梦见自己牙齿掉落，也许意味着我们对于年龄的增长、外在形象的变化感到焦虑。它也可能是说，我们对于生活中的某种任务没有做好准备，害怕自己“丢面子”，无法让自己安心。

＊“我正在往下掉”

经常梦见自己从高处坠落、坠入深渊、从坡上滑下，意味着我们对于生活中的某些情况无法掌控，好像被压得喘不过气来。和坠落有关的梦一般会出现在睡眠的前一阶段。它也可能象征着我们对于失败的恐惧，或是无法控制自己的冲动。

*“我什么都没穿！”

这种梦境也很常见。在梦中，我们突然发现，自己什么都没穿，在众人面前一丝不挂，感觉很羞耻。这可能意味着我们把某些事情藏在心里，怕别人发现。也许，我们平时的生活中给别人展现的形象，并不是自己的本来面目，只是为了给别人留下好印象。所以，我们害怕别人看清自己的样子，怕他们发现自己不是生活中的那样。这样的梦也可能是说，我们将要承担一项自己并不熟悉的工作，所以感到十分紧张。

4. 疾病和身体的症状

脆弱的内在小孩觉得自己很压抑，又得不到爱。她的创造力和正能量变成了压力，时间一长，持续的压力就会引起某些部位的疾病和疼痛。最容易受到影响的部位包括背部、胃、肝脏、胸部。内在小孩得不到重视，就只能用间接的方式表达自己的需求，降低身体运转的速度，以此来获得关注。生病的时候，是内在小孩最脆弱、最敏感的时候。

连接内在小孩的方式

下面是几种和内在小孩进行连接的方式：自我观察、内在小孩日记、问卷、视觉冥想、绘画 / 拼图 / 艺术治疗、聚焦、纸笔交流、口头对话、音乐表达、用童年的照片帮助回忆、观察真实生活中的孩子，等等。

1. 自我观察

在现代社会中，大多数人活在一种高度警觉的状态中，把注意力全部放在外部世界上：智能手机、人、交通、噪音……我们管理外部世界的能力十分出众，但对丰富的内在世界却一无所知。从某种程度上来说，我们对自己就像陌生人一样。亲爱的读者，现在，你终于有了机会，与这个叫作“自己”的个体亲近。观察她的样子、她的动作、她的欲望、她的能力、她的反应、她的恐惧、她的需求、她的梦境、她的黑暗面……你需要了解她，了解她的童年，看看她成长的地方，看看她的父母，了解父母对她的期望。你需要不时地陪伴她，和她一起待在最阴暗的角落，体会她最野性、最残忍的本能，感受她的残酷和自私。她需要我们静静地关注她，不加任何评判。这样，你就能渐渐地培养和自己的感情，理解自己，原谅自己。

这项练习要求我们观察自己在日常生活中的反应，就像观察其他人的行为一样。我们要保持好奇心，每天、每周都要观察。就像爱因斯坦说的那样：“最重要的，是要不断问问题。”

通过自我观察，你会获得许多宝贵的信息，帮助你理解童年的经历对自己各方面的影响：选择、关系、事业心、工作中的动力，等等。

练习：自我观察时的线索

有时候，当下的人和事会让我们想起过去的经历，让人感觉焦虑、愤怒、恐惧。这时，你可以问问自己：

现在发生的事情让我想起了什么？是不是小时候，或是十几岁的时候发生的事？

____

____

____

这个人是不是让我想起了妈妈爸爸、兄弟姐妹、爷爷奶奶？

____

____

这件事发生时我的内心活动是怎样的？

这个人激发了我的什么感受/情绪，让我想起了什么？

我在生活中极力避免的是什么？

什么事让我最心烦？

哪种人让我最难以忍受？

我最害怕的是什么事？

我最崇拜的是哪种人？

____

____

____

哪种人让我觉得最舒服？

____

____

____

为什么？他们让我有什么感受？

____

____

____

通过这些问题可以找出一些线索，在你自我观察时提供指引。

2. 回忆自己的童年

不少人很难记起童年的事情，大多数人对于三四岁之前发生的事情没有什么记忆。如果你也是这样，请别担心，因为这很正常。原因可能来自于各个方面，例如大脑结构、心理防御机制、对于感官记忆很陌生，等等。关于童年早期的记忆，其实存在于我们的大脑中，只是我们不能自如地提取出来。然而，要深层地疗愈并理解我们的内在小孩，我们就必须回忆那些童年早期那些重大的事件。运用本书介绍的技术以及讲解的内容，再加上自身的兴趣，我们就能更好地了解自己，唤醒那些童年的记忆。

只有自己做好了准备，童年的回忆才会出现。如果你小时候有过创伤，那就带着爱，耐心地在内在世界中探寻回忆。回忆出现时，可能只是模糊、破碎的图像，并没有清晰的场景；它们出现的顺序也是混乱的；有些记忆以感觉的方式呈现，而不是语言，特别是童年早期的记忆；这些记忆可能是触感、声调、气味、味道，等等。回忆童年时，我们总是先想起那些强烈、重大的事件。但要注意，对你来说非常强烈的事件，对其他人则不一定。

我们除了回忆那些印象深刻的甚至是留下创伤的事件，也要回忆一下童年的日常生活，尽量全面地去看待童年。现实总是具有多面性：有轻松的时候，也有艰难的时候；有幸福的时候，也有痛苦的时候；有充满乐趣的时候，也有无聊乏味的时候。

*提示性问题：找回童年的记忆

我们可以用一些问题帮你找回童年的记忆。要疗愈自己的内在小孩，我们必须对童年的各个方面有一定了解。请看下列问题：

你出生的地方在哪儿？你家怎么搬到那去的？

那边还有其他的家人吗？都有谁？

爸爸妈妈为什么给你取了这个名字？

你原来有小名吗？叫什么？

那时候的你长什么样子？

还记得小时候穿的衣服吗？

你小时候的性格是什么样的？

你从几岁起，开始有了记忆？

你在哪儿长大的？那时候经常搬家吗？如果是的话，是为什么？

你住的房子（公寓 / 农场，等等）是什么样子？有几间房？几个洗手间？

你住的房子里有什么特别的摆设吗？

小时候，是谁照顾你？爸爸妈妈？爷爷奶奶？阿姨？

现在的世界和你小时候有什么不同？

学校：

你属于哪种学生？

你们的学校是什么样的？

这所学校有哪些地方是你喜欢的？

这所学校有哪些地方你不喜欢？

还记得当时做功课的样子吗？

还记得第一天上学的样子吗？

有没有特别喜欢的老师？为什么喜欢？

你最喜欢的科目是什么？为什么？

还记得那时用的书包吗？

还记得上学的路吗？

那时候喜欢什么运动？喜欢参加什么活动？有什么爱好？

游戏：

你最喜欢玩的游戏是什么？

你和谁一起玩？

你喜欢扮演什么角色？

你们会去街上玩吗？

你几岁学会骑自行车的？

还记得是谁教你骑车吗？

你小时候有自己的自行车吗？

你有没有从自行车上摔下来过？

你最喜欢的动画片 / 电视节目是什么？

还记得小时候看过的电影吗？

还记得小时候过生日的样子吗？

还记得第一次去看演唱会吗？

你小时候最喜欢的玩具是什么？

这个玩具是谁给你的？

食物：

你小时候最喜欢吃什么？

你小时候挑食吗？

你小时候不喜欢吃什么？

还记得那时候全家人一起吃饭的样子吗？

你们一大家人一起吃饭吗？

家里是谁做饭？

你最喜欢吃的东西有哪些？

朋友：

你小时候朋友多吗？

你和朋友在一起的时候喜欢做什么？

你最好的朋友是谁？

你怎么认识他的？

你们在一起的时候会做什么？

你现在还会和小时候的朋友一起玩吗？

感受：

你小时候最喜欢做什么？

你小时候有没有什么尴尬的经历？

你小时候受到的最严重的惩罚是什么？

小时候有什么东西让你害怕吗？是什么？

你小时候怕黑吗？

有没有什么哪个时刻让你觉得生活变好了？

有没有什么哪个时刻让你觉得生活变差了？

关于童年，你最想念的是什么？

你觉得自己小时候快乐吗？

你小时候和谁最亲？

有哪些人让你觉得值得信任？

有哪些人让你崇拜？

你现在的性格和小时候有什么不同吗？

小时候做过的最糟糕的事情是什么？

关于小时候的家，你最生动的记忆是什么？

还记得什么儿时的味道或声音吗？

做个小孩有什么好处？

做个小孩有什么坏处？

小时候，有什么事情让你难过？

你怎么才能得到爸爸妈妈的认可？

你小时候曾经困惑过吗？

你小时候有过兴奋的感觉吗？

你小时候有过孤独的感觉吗？

你觉得自己小时候有人爱，有人照顾吗？

童年的时候，有没有觉得自己某一段时间失去了孩子的天性，不再好奇，不再快乐？如果有的话，是为什么？

你小时候是不是心理上有些早熟？有没有比同龄人承担更多的责任？

你小时候是不是心理上有些晚熟？你小时候是否有些过于幼稚的举动？（例如一紧张就会吮手指）

你欺负过别人吗？如果你原来被家人或朋友欺负过，那就有可能欺负过别人。

你一个人的时候多吗？

小时候，你的学习成绩有没有突然下降过？如果有，是因为什么？

家庭生活：

爸爸妈妈是不是把你管得太紧？你几岁的时候可以一个人出门？

爸爸妈妈给过你什么建议吗？他们想教给你什么？

谁更严格？是妈妈，还是爸爸？

爸爸妈妈的婚姻幸福吗？

家里一般把钱花在哪些地方？

你长大的这个家是什么样？你有自己的卧室吗？它是什么样？

还记得你家周围的样子吗？你住的小区呢？

你家附近你最喜欢去的地方是哪？

你小时候最喜欢藏在什么地方？有没有自己的秘密地点？

你小时候做家务吗？做什么？最不喜欢做的是什么？

小时候，你的兄弟姐妹长什么样子？

还记得爷爷奶奶 / 外公外婆的样子吗？他们什么时候去世的？

你小时候和哪位亲戚最亲？他 / 她是个什么样的人？还记得他 / 她的样子吗？

你小时候有零花钱吗？你把它存起来，还是花掉？用来干什么了？

还记得家里过年的样子吗？过年的时候，你最喜欢的是什么？最不喜欢的是什么？

还记得小时候全家一起过中秋的样子吗？

你们全家人在一起的时候喜欢做什么？

你小时候有没有去过爸爸上班的地方？

你小时候有没有去过妈妈上班的地方？

小时候，你是怎么过暑假的？

放假的时候，你喜欢去哪里玩？

你小时候收到过最好的礼物是什么？

你童年的理想是什么？长大后想做什么？消防员？医生？科学家？想当

爸爸妈妈吗？

还记得那时流行什么吗？人们喜欢留什么发型，穿什么衣服？

你小时候的偶像是谁？

你那时最喜欢的歌曲是什么？

你养过宠物吗？如果养过，是什么？你还记得它的名字吗？

你在学校里喜欢参加什么活动？

你上过报纸吗？

你成长的过程中，世界上发生了什么大事？对你影响最深的是什么？

还记得小时候的冒险经历吗？

生病：

你小时候生过什么病？

还记得小时候吃过的药什么味道吗？

你生病的时候是谁照顾你？

你还记得生病的时候吃过什么东西吗？

还记得小时候去看医生 / 去医院的经历吗？

向亲友询问自己童年的情况

和爸爸妈妈、兄弟姐妹谈谈，可以帮你回忆更多童年的细节。如果还有其他对你很重要的人，对你的童年有所了解，并且仍然健在，也可以和他们谈谈。然而，有时候我们认为是“回忆”的部分，其实是自己根据别人的话想象出来的。我们来看一个例子。小伟小的时候，他们隔壁家有个比他大一点的女孩。前不久，当年的这位邻居告诉小伟：“你两岁左右的时候，父母工作很忙，有几个月一直是我在照顾你。”小伟听了她的话，就开始在头脑中想象。他想着想着，仿佛回忆起了那时的样子。如果邻居说的情况是真的，这种想象的确能帮助小伟找回童年的记忆。但我们要小心，对于三岁之前发生的事情，我们有时候分不清，哪些是自己的记忆，哪些是从别人那里听来的。

同时，讲故事的人可能掺入了自己的想法，他说的也不一定是客观真相，比如，“你小时候挺笨的”，“你小时候长得不好看”，“你爸爸原来经常虐待你”，“你妈妈那时更喜欢你姐姐”。

从家人那里可以获得很多信息，帮助你回忆自己的童年。然而，家人心中也有自己的难处，可能并不愿意谈及过去。尤其是曾有过不幸经历的家庭，例如失去亲人、发生过事故、破产或者其他让人难过的经历。这些事件从此在家中无人提起，大家都压抑了自己的感受，以此减少心中的痛苦。

* 看小时候的照片

看看小时候的照片，也许能获得一些宝贵的信息。首先，照片可以帮助你想象内在小孩的样子。看着照片，你也许能清晰地记起自己那时的长相、身材、穿着，这些都是宝贵的线索，可以让你回想起那时的感受。你看着自己过去的样子，注意这个孩子的表情，注视她的眼神，她是否唤起了你心中的记忆？同时观察你小时候家人们的姿势、动作、眼神，他们是否唤起了你心中的记忆？他们那时的感受如何？对他们来说重要的是什么？他们那会儿有什么梦想？

* 听听那个时代的音乐

找一些你小时候从爸爸妈妈那里听过的音乐，或是当时流行的音乐，它们有助于唤起你的回忆。童年和少年时听过的歌曲，通常能激起许多回忆。

* 去看看童年时待过的地方

如果可能的话，去看看小时候常去的地方，会让你想起很多事。例如当时住的房子、周围的街道、操场、学校、爷爷奶奶家、叔叔阿姨家，等等。和当年相比，这些地方可能已经变了样，但还是印在你早年的记忆中。

* 其他方法

可以吃一点小时候经常吃的菜。很多家庭时光是在饭桌旁度过的，也许食物的味道能激发很多回忆。

3. 用视觉冥想的方式找到内在小孩

在引导下进行想象，是一种和内在小孩连接的主要方式。大多数想象的内容以及白日梦，都和深夜的梦境来自同一个地方——无意识头脑。

视觉冥想练习可以由人带领，也可以用录音来引导。进行时，我们需要闭上眼睛，可以舒服地坐着，但不要睡着，听着引导词，保持觉醒而放松的状态。头部保持平衡，不要前倾，也不要后仰。在练习的时候，一定不能被其他人或电话铃声干扰。一开始，我们可以听着引导词，同时深呼吸，并且放松下来。过一会儿，我们会被带上一条想象的路，它会把我们带到内在小孩身边。这时，眼前会出现一些画面。印度瑜伽修行者将这些画面称作“赤塔卡刹”（Chidakash）。“赤塔卡刹”是梵文，由两个词根组成：“Chitta”意为“头脑”，“Akash”意为“空间”。“赤塔卡刹”就是“头脑的空间”，或是“精神的屏幕”。这块精神的屏幕是梦开始的地方，也是白天的幻想、回忆出现的地方。在视觉冥想练习中，我们只需要让各种画面和感受自然地浮现。这些图像有的十分清晰，有的非常模糊；有的会保持很久，有的则转瞬即逝；有的画面是彩色的，有的则一片黑白；有的会突然跳出来，有的则是慢慢显现。需要注意的是，大多数人更擅长用视觉冥想，所以头脑中很容易浮现出各种画面；有些人则更注重感受，所以他们头脑中的画面也许并不清晰，但能“感受”内在小孩的存在；还有些人听觉更发达，所以会“听到”内在小孩的声音和信息。在视觉冥想中，无论出现什么，我们都要接纳它，并且对自己的感受保持觉知。

有时候，人们会发现，内在小孩会以不同年龄的形象出现。这意味着她在这些时候有过重大的刻录，使得她们的一部分被“冰冻”起来，以此来保护自己。有时候，人们发现，内在小孩的性别和真实的自己正好相反，自己是女性，却看到了一个男孩；自己是男性，却看到了一个女孩。这可能是由很多原因造成的。也许，练习者对自己的儿子 / 女儿印象很深，所以用他 / 她来代表这个内在小孩；也许，练习者觉得自己更有男性的特质：果断、务实、力量、勇敢……或是更有女性的特质：敏感、优雅、体贴、温柔……也许，父母更希望他是个女孩，或者希望她是个男孩，所以内在小孩就选择了父母喜欢的形象，以此来确保自己能够得到他们的爱。有时候，人们可能因为恐惧，或是不感兴趣，所以看不到内在小孩的脸。这也有可能是说，内在小孩觉得自己小时候不受重视，总是被冷落。这些冥想中看到的画面，是由无意识头脑产生的。要理解他们的意义，我们就要结合自身的情况来考虑，同时要注意画面背后的情绪，这对我们的理解非常重要。这些画面的真正意义，通常就在这些情绪之中。

视觉冥想不仅可以用来和内在小孩连接，也可以帮助我们疗愈她。想象力具有强大的疗愈作用，它能改变那些负面的念头，把新的、有益的念头印在无意识头脑中。它可以让我们将无意识头脑重新布局，加入更多的真相。不论是想象，还是现实，身体的反应都是相似的。因此，我们在阅读菜谱时，嘴里也会分泌唾液，因为我们头脑中正想象着食物的外观、味道、气味，甚至咀嚼时的口感。身体做出的反应，犹如真的在吃东西一样。

视觉冥想练习：遇见你的内在小孩

（CD-2 视觉冥想练习：遇见你的内在小孩）

这个练习会持续一个半小时。练习过程中一定不要被任何人或电话打扰。调整坐姿，找到最舒服的姿势。脊背挺直，靠在椅子上。头部保持平衡，不要垂下，以免让自己睡着。双手自然地放在腿上。闭上眼睛，准备好进入内在的世界。保持这个姿势，全身放松。在心里把全身扫描一遍，从头到脚。放下一切紧张，保持高度的专注，让内心平静下来。

现在，对自己说："在整个练习中，我都会保持觉醒的状态。"然后，注意自己本能的呼吸。下一次吸气时，多吸入一些空气。呼气时，放下所有的紧张和焦虑。你会觉得越来越舒服，越来越放松。这时，在你闭上眼睛之后，眼前似乎出现了一块精神的屏幕。在这块精神的屏幕上，有不时浮现的梦境，也有白天的记忆，还有你想象的内容。当我引导你想的时候，让屏幕上的画面自然地浮现，无论潜意识为你呈现什么画面，都请接纳它。这些画面有的清晰，有的模糊，有的充满色彩，有的只有黑白，有的转瞬即逝，有的变幻莫测。现在，我要带着你进行一次时光旅行，请尽情地发挥你的想象力。

现在，想象自己走在一条乡村小道上，你一边走，一边欣赏周围的景色……画面慢慢变得清晰……在田地的中央，有一座小屋。原来，那是一座太空馆，就像主题公园里面的那种。你非常好奇，想要进去一探究竟……你推开门，大厅的灯亮了起来。你找到座位，按下启动键，眼睛盯着屏幕，节目即将开始……这时，屏幕上跳出一行字："欢迎参加内在小孩见面会！"这时，屏幕上出现了你小时候的样子。五——四——三——二——一——让自己小时候的样子慢慢浮现。画面也许不太清晰，或是稍纵即逝，这不要紧，无论出现什么，都让它自然地浮现。

这个孩子有多大了？带着兴趣和爱，仔细看看她。她这会儿在干什么？尽情地想象，相信自己的感觉。再看看她周围的环境。她身边有没有其他人？观察她的身体姿势，体会她现在的感受。她是否敞开心扉，充满信任和快乐？她紧张吗？她是在保护自己吗？看看她的脸。她的表情在诉说些什么？

看看她的眼睛。想象一下，自己现在要以成年人的形象，进入这个内在小孩的世界。你慢慢走近她，轻轻拉起她的小手，和她一起坐下。你对她说："我终于见到你了。""我在这儿陪着你。""你对我很重要。""我一直在找你，现在终于找到了。""我明白，你只是个天真的孩子，你需要爱，需要关照。""你没做错什么。""你对我很重要，""我正在学习如何来爱你，如何尊重你，我知道，你一直在等我。现在，我来了，和你在一起。""你就是我，我就是你，我们永远不会分开。""你再也不会孤单。"

观察内在小孩对这些句子的反应。她对你信任吗？如果她还不太相信你，请耐心些，尊重她的感受。如果你关心她，尊重她，就会慢慢地建立信任。多花些时间，陪陪自己的内在小孩。这是值得纪念的一刻：成年人的你，小时候的你，在这一刻相遇。你抱着这个小孩，对她说："我为你而来。""从现在开始，我就是你的爸爸，我就是你的妈妈。""我知道你要什么，我能理解你，我们都需要彼此。你为我的生活带来了色彩。你的欢乐，你的天性，你的激情，你的好奇，你的创造力，都在这一刻显现。通过你，我可以和自己的内心连接。""你需要我的保护，我的引导，我的鼓励，我的关照。我们一起就是最棒的组合。我们一起就可以疗愈情绪的创伤。""美好的生活，就在我们前方。"

让这些画面慢慢地消失，同时记住，内在小孩一直都在你里面。现在，把注意力放在身体上，感受它的长度和宽度。回想一下你现在的位置，把思绪带回当下……动动手指，睁开眼睛……全身伸展一下，完成整个练习。

4. 倾听自己的身体

我们经常会陷入疯狂的思考。人总是活在头脑中，而对自己的身体没有太多意识。然而，内在小孩表达自己的方式不仅有画面和文字，也有身体的感受。在通向内在小孩的旅程中，我们需要学会倾听身体的声音。身体是内在小孩与我们对话的管道。我们要认真倾听身体，日复一日地倾听，了解身体的感受。头脑也许会欺骗我们，但身体不会。

有几种方法，如果教授得当，有助于倾听自己的身体，例如哈达瑜伽、太极、气功、瑜伽休息术、内观冥想，等等[28]。另外一种有效的方法是“聚焦”，这门技术由美国心理学家简德林（Eugene Gendlin）在六十年代创立。

在聚焦技术中，我们将注意力集中于当下身体的感受，对内在世界保持接纳、友好的态度。然后，我们可以问自己：“我的生活怎么样？现在主要的事情是什么？”身体会回答这些问题，我们就观察身体的感受，特别是从喉咙到胃这一段。我们要带着兴趣和好奇，了解自己真正的感受和需求，慢慢地完成这一过程，不要操之过急。可能我们并没有找到问题的答案，但是别急，继续等待，保持打开、接纳、好奇的状态。很快，我们会接近简德林所说的“意感”（felt senses）的状态，“意感”是一种模糊的、难以用语言描述的感受，它与你生活中的问题有关。“意感”和情绪的概念有所重叠，但它们之间的区别在于，情绪是可以识别的，我们知道什么是愤怒，什么是悲伤，什么是恐惧……但对于“意感”，我们只能感受，而无法了解。

聚焦时，我们要关注自己的“意感”，带着好奇心观察它的变化，而不作任何评判。把觉知带入“意感”之后，它就会慢慢展开，并开始运动。我们全然地关注它，它就会自然地发生变化。

在“聚焦”的过程中，我们要始终保持打开的状态，注意是否有某个词语、说法、形象能够描述自己的“意感”，例如混乱、沉重、紧张、振动，等等。这个词语、说法或图像是不是符合自己的“意感”？感受一下，“意感”是否能与其产生共鸣？一旦找到适当的描述，我们就开始对“意感”发问。是什么让这个问题这么“混乱”，这么“沉重”，这么“紧张”，或是让它“振动”？保持打开的状态，观察随之而来的现象，就算一开始没有找到问题的答案，只要保持这种敞开的、不带评判的觉知，我们就会发现内在世界的转变。

一种方法认为，要让事物发生变化，你得主动改变它，必须采取行动，这是一种“行动 - 修正”的方法。另一种方法是顺其自然，认为变化和流动都是事物的自然现象，如果某项事物没有发生变化，那我们就只需要关注它，保持觉知，用接纳的态度，允许它如其所是。我们要保持打开的状态，关注它下一步的发展。它自然地流动，从而带来理想的变化。

可不可以听我说？

请不要一开始就给我建议。

我要你听我讲，但你却说：

为什么你会这样想？

这样的话，对我没有意义

你觉得你应该做点什么，来排解我的情绪，

但我要你做的，并不是这样。

我只想你听我说，好好地听我说。

并不是要你说什么，做什么，

倾听，就是接受我真实的感受。

如果你能真正地倾听，我就不会老是重复自己的需求。

这样我才能明白，感受背后到底是什么。

理解了感受背后的东西，我的感受才有意义

当它们变得清晰，我的答案也就自然浮现，不需要什么建议。

所以，听我说，好好地听我说。

我要的就这么多。这样做，才能帮到我。

——内在小孩

聚焦技术让我们可以用具体的方式倾听身体的声音。如果说身体是内在小孩表达的方式，那么聚焦技术就是通向内在小孩的一扇大门。如果你对这门技术有兴趣，可以读读简德林的书《聚焦心理》（*Focusing*）[29]。

5. 和内在小孩对话

还有一种和内在小孩连接的方式，就是不断地和她对话。这种对话可以是口头对话，也可以是书面的方式。刚开始练习的时候，最好不要在头脑里面对话，这样对话会变得不太清晰，很难进行下去。这种对话需要反复练习。一开始，内在小孩也许并不会回应，因为她要看你对她的兴趣是否真诚，是不是会一直关注她。

不论是口头对话还是书面交流，我们都可以提一些开放性的问题，比如：

你的感觉怎么样？

你现在需要什么？

你对……（加上人名）的感觉怎么样？

我想知道，你为什么不喜欢……

你最喜欢吃什么？

你今天想穿什么？

你想和谁待在一起？

度假的时候你想怎么过？

这些问题可以给你一些提示。但无论如何，我们对自己、对内在小孩都要尽量真实。如果一开始你就觉得不安，不知道自己能不能做好，你可以说："我其实连你是否存在都不知道，但是我愿意试试"，或是"我想和你交流，但我不知道准备好了没有"，也可以是"我有点怕你"。只要是真相，我们就可以彼此分享。

如果你在对话之前，恰好有一些情绪，比如愤怒，那就可以问她："我能帮你调节一下吗？你需要我做些什么？我是不是忽视了你，没有把你放在心上？我是不是在控制你，或是评判你？""我想知道，是什么让你这么生气。""你对我生气吗？"

下面是最重要的一步。我们调节一下自己的感受，才能从内在小孩的角度把她的话写出来、说出来。慢慢把自己的注意力从问题转到身体上，特别是胸口、肚子、喉咙、面部、肩膀等部位。问题的答案来自我们直接的体验，会在身体中慢慢显现。尽量不要用头脑去思考内在小孩的感受，而是要与身体和感受相连接，让答案自然地浮现。

一开始，答案也许出现得很慢，只有寥寥数语。就算什么也没听到，也别灰心。这是正常的情况。有时候，内在小孩要过一段时间才能理解你、相信你。

即使所有的问题在你心里都已经有了答案，也尽量不要带着"我知道"这样的态度去面对她。尽量带着好奇、开放的态度寻找背后的真相。面对问题的答案，我们不需要仔细思考，而是要把它用在生活中。约翰·莫菲特（John Moffit）[30]曾写过一首美丽的诗，恰好指出了我们面对内在小孩时应有的态度。

无论观察什么

约翰·莫菲特（John Moffit）

无论观察什么
你若想了解它
就需要久久地凝视
你看着这片绿，说：
我在这片林子里看到了春天
这不够
你还要化身为它：
变成那蛇一样弯曲的枝干
和鸟羽一般的树叶
你要潜入叶片之间
藏身于那一方寂静
你要放慢脚步
轻轻触摸
那寂静背后的平和

如果我们像诗人那样，带着全新的态度去观察，或许就会发现，内在小孩的答案和我们想的并不一样，或者程度比我们想象的要深，让人出乎意料。

内在小孩的话也许很少，甚至什么也不会说，但也可能滔滔不绝。对于她的答案，我们要全然接纳，不要带上任何评判。答案出现的时候，把它们原封不动地写下来、说出来。我们知道，只要带着善意关注着她，或者稍加调整，内在小孩的感受就会开始变化。

* 和内在小孩进行书面对话

在这个练习中，我们先以成年人的身份，对内在小孩写下一些话：首先是问候语，接着是几个问题。如果写的是成年人的话，就用你的惯用手写；

如果是内在小孩的回答，就用另一只手写。用另一只手写字的时候，你会写得很慢，字体也歪歪斜斜，这样你就有了一种孩子般的体验。在对话时，语句不通、有错别字都没关系，感觉是最重要的。以成年人的身份写下各个问题之后，一定要从内心深处来回答。用另一只手写字的时候，你可以与直觉和情绪深处相连接。但要注意，你可能会觉得有些抗拒，不想用这只手写字。这时，我们一定要尽量克服这种阻抗。要记住：内在小孩需要你的耐心。

* 和内在小孩大声地对话

在练习之前，我们要找一个私密的空间。我们先从成年人的角度提出几个问题，向内在小孩表示支持。问完之后，什么也不要说，保持安静。这时，你的想法和感受就代表了内在小孩的声音。你也可以把机会交给内在小孩，让她表达自己的想法。可能她会说一些话，也可能只是想玩一会儿，说不定她还会画些东西。她也许想哭一会儿，或者干脆保持沉默。其实，沉默也是一种交流的方式。内在小孩的沉默背后，表达了怎样的意思？

对有些人来说，和内在小孩大声地对话，比写下来要好。他们觉得，这样更生动，更自然。如果你感到愤怒或受伤，大声地说出来，也许更能帮你释放情绪。每个人都有适合自己的方法，不能一概而论。除此之外，我们也可以放上两把椅子，或是两个垫子，一边代表成年人，一边代表内在小孩。练习的时候，可以不断地变换位置和角色，并根据不同角色调整姿势和动作，用最合适的方式表达。我们也可以用洋娃娃、毛绒玩具、木偶来代表内在小孩。

在每个练习中，内在小孩都对我们敞开心扉，分享她的感受，我们要对她心存感激。

和内在小孩之间建立沟通的渠道，可以帮助我们了解内心世界的真相。

6. 创造性表达

绘画、玩耍以及其他富于创意的活动，都可以让内在小孩显现出来。孩

子会通过玩耍的方式来学习。在写字之前，孩子已经学会了画画。许多儿童心理学家都鼓励他们多画画，因为他们并不是一切都能用语言表达。有些话虽然说不出来，但能通过艺术的手段表现出来。

我们所受的教育更注重培养理性思考的能力，因此很多人的创造力得不到发挥。我们每天都得表现出“理性”的样子。内在小孩的感受、乐趣和创意，在上学的路上就已经被压抑了。

小时候，

生活总是那么美好，

仿佛是个美丽的奇迹。

树上的鸟儿欢快地唱，

一边唱，一边看着我

多么开心，多么有趣。

后来，他们让我离开这里，

教我要有逻辑、要理性、要负责、要实际，

他们带我去了一个世界，

这让我变得精于分析，十分可靠，

但却愤世嫉俗，疲于思考。

甚至，在夜深人静时，

各种难题也占满了我简单的头脑。

求你了，能不能给我讲讲我们学过的东西？

请告诉我，我到底是谁？

虽然这听起来很可笑。

——节选自 Supertramp 乐队的歌曲《理性之歌》([*]the Logical Song*)。[31]

创造性艺术是孩子天生的语言。我们应该用它来请出自己的内在小孩。让我们拿起画笔，无拘无束地表达。你可能会发现，有些老师、家长说过的话，已经深深地印在心中："你不能画画，你没这方面的才能。我不想你画出来的东西被别人笑话。"对这些话的存在保持觉知，但不要被批评的声音所限制。

在没有压力、没有安排的情况下，创造性活动才会发挥出最大的效果。重点不在于它的目的，而是在于表达自我时的那种快乐。给自己定下一段时间，让内在小孩通过艺术表现出来。有很多方法，例如画画、拼贴画（可以从旧杂志上剪下照片拼贴）、泥塑、造型（可以用自然物体）、写诗……尽情发挥你的想象力，打破常规，允许自己展现天性。把评判的头脑放在一边，不要理会心里那些批评的声音。只要我们允许自己，任何人都有能力用艺术表达。

7. 音乐表达

音乐可以让人突破理性的头脑，放下成人的思考方式，回到孩子一般的

状态。音乐可以透过情绪的保护层，深入无意识头脑，连接内在小孩的情绪和冲动。同时，音乐也有疗愈的力量。正如德国哲学家尼采所说：“没有音乐，生活就是一个错误。”

要利用音乐的疗愈力量，我们就要用“音乐表达”的方式来和内在小孩连接。这一练习会持续半个小时。练习的时候，不能受到干扰。我们会听到各种各样的音乐：柔和的、深层的、快乐的、悲伤的、有节奏的、无节奏的、平和的、暴力的、快速的、缓慢的……我们不仅要用头脑去听，也要用整个身体去听。音乐是一种振动。我们的身体对于振动都非常敏感，因此这些音乐可以深入我们的内心。不要有任何阻抗，让音乐令你触动。光听音乐还不够，音乐进入身体之后，我们就要开始表达，这才是练习的重点。怎么表达？不是随之起舞，而是用自发性的动作表达。舞蹈的目的，是追求和谐与美感，但自发性的动作完全不受限制，只要不伤到自己即可。每一个动作都是不可预知的。它们并不是我们想出来的，而是身体自己做出来的，头脑对它几乎没有任何控制。动作常常是毫无规律的，只是把音乐唤醒的冲动、情绪、心情表达出来。内在小孩很快就会明白：在这个练习中，她可以全然地表达自己的情绪和乐趣。和其他方法一样，在第一步中，内在小孩可能并不愿意出来，我们会觉得很麻木，全身僵硬，动作也放不开，好像对音乐没有什么感觉。到了第三、四步的时候，我们就会注意到，自己有了一些身体的感受，心里也有了感觉，想要动起来、唱出来、喊出来……这些现象的背后，就是我们的内在小孩。

连接时遇到的困难

和内在小孩连接时，我们常常会觉得有些抗拒。遇见内在小孩，就意味着要经历各种积压的情绪；如果看不到内在小孩，那些情绪仿佛就再也不会出现了。然而，我们对问题越是排斥，它就越是挥之不去，这是生命的法则。

> “小时候，面对难以承受的经历，或是无法整合的东西，我们可以离它们远一些。但这些东西会不断跟着你，想要你看见其中的光和智慧，想要回到你的内在世界。它们会一直跟在你后面，和你形影不离，就像你的朋友、孩子、情绪、爱人一样，它会出现在生活中的每一刻，甚至在每天早上望着你的那片最宝贵的橙叶里，也有它的存在。”[32]
>
> ——美国心理学家马特·利卡塔（Matt Licata）

面对自己的抗拒，我们要以爱心相待。抗拒是一种恐惧，是逃离痛苦的表现。我们要接纳自己的抗拒，并对它心存感激。毕竟，它的本意是要保护我们。我们要向这种抗拒解释：现在，面对内在小孩，我们不再需要它的保护。内在小孩会给我们的生活带来许多礼物，而且她也需要我们去关注她、疗愈她。我们现在长大了，比自己的情绪更强大。因此，我们可以勇敢地面对它们，并且将其放下。这样，这些情绪便不会在我们的头脑中紧追不舍了。

刚开始和脆弱的内在小孩连接的时候，通常男性会面临更多困难。这并不是能力的问题，而是和我们所受的教育有关。我们从小就被教导，要坚强，不能表现自己的脆弱，不要表达自己的感受。

许多人难以和自己的内在小孩连接，是因为他们心中的恐惧，而这些恐惧来自于一系列的误解。比如：

“我没法和她连接。其他人都可以，可我就是做不到。”如果你按照本书中介绍的方法去做，就一定能遇见自己的内在小孩。很可能她正希望你去关心她。

“我无法面对她的情绪。她的痛苦和孤独太强烈了，我承受不了。”

现在你长大了，比自己的情绪更强大。你可以参加“内在小孩”课程，在那里寻找内在小孩，有很多同学陪着你练习，你会感觉更安全，会有更多的支持。

“虽然这个孩子是曾经的我，但我还是没法爱她，没法关心她。我是个普普通通的孩子，没什么特别的。我很害羞，经常感觉不安。”

每个孩子都有自己的天赋和潜质。内在小孩需要你了解她，鼓励她成长，不要用局限的眼光评判，这样她才能发挥自己的潜力。你就是她最好的教练，还等什么呢？

“我想忘记自己的童年。我不是个好孩子。我在学校里成绩不好，还偷爸爸妈妈钱，还撒谎。他们打我，觉得我是个没用的东西。”

孩子的行为出现了问题，说明她需要帮助，让她从麻烦中解脱出来。她受的评判已经够多了，她需要的是理解和原谅。

“如果内在小孩出现了，我就不需要再做什么了，想怎么玩就怎么玩。”

这其实是一种恐惧，意味着你生活中的责任太重，让你喘不过气。你需要休息，需要欢乐。内在小孩即使出现了，你也不能任由欲望摆布。你带着爱，坚定地告诉内在小孩，凡事都有个度，有些时候要工作，有些时候可以玩，这样，她一定能够理解。

“内在小孩不喜欢我现在的生活，但我无法改变。”

如果你考虑她的需求，倾听她的心声，她就会平静下来。大多数时候，内在小孩并不需要太大的改变。这好比一间屋子，只要稍微装点一下，就会变得非常温馨。另外，你也可以让内在的这个孩子理解你，多给你一些耐心。如果你对她诚实，关心她，她就会与你合作。我们不可能永远躲着她。况且，如果我们一直忽视她，就会产生抑郁情绪，甚至生病。

第十章
如何疗愈自己的内在小孩

孩子啊，不要为再度体验童年而感到羞愧，因为只有这样，我们才能保持清晰理智的状态。

——巴里·胡加特（Barry Hughart）《鹊桥》（[]*Bridge of Birds*）[33]

在上一章中，我们介绍了一些原则和方法，了解如何找到内在小孩，并和她连接。经过了一些练习之后，你也许已经顺着记忆，找到了自己的内在小孩。她也许像个小孩，也许更像个婴儿。至此，尘封已久的童年记忆也许已经浮现，让你产生了各种各样的感受。下一步，我们要做些什么呢？我们会沿着这条路走下去，继续探寻内在的世界。

初次遇见内在小孩的时候，你可能已经发现了她身上的创伤。我们每个人都或多或少地带着童年的创伤和负担。这些创伤来自于负面的刻录，而负担则是由一系列误解和未经消化的情绪积累而成的。“我不好，我是个坏孩子，没人爱，谁都不要我。”“我不够好。”“我这个样子没人喜欢。”这些都是一些常见的误解。未经消化的情绪源于负面的刻录，我们经历这些刻录的时候，相应的情绪仿佛被冰冻起来，不再活跃，例如被老师羞辱后产生的愤怒、看见爸爸打妈妈所产生的恐惧、被妈妈送到奶奶家之后产生的孤独、听到父母的批评后产生的羞愧，等等。

通过内在小孩，我们可以有效地疗愈童年的创伤。情绪的创伤并不是什么难以捉摸的东西，而是内在小孩身上清晰鲜活的印记；和内在小孩相处，就是和自己过去的情绪相处；和内在小孩交流，就是向过去的误会诉说；抱着她，我们就是在拥抱自己的情绪；这个孩子身上留着我们的伤痛，疗愈她，就是疗愈我们的过去。

来自过去的负担

之所以要疗愈受伤的内在小孩，是为了让我们现在的生活变得更好。过去的已经过去，我们要全然接纳当下的生活，放下对于过去的执着。在本书

中，我们并不是要缅怀过去，而是要帮助大家理解童年的各个要点，更重要的是，要理解如何疗愈负面刻录的有害影响。

当下所做的事情，即是在创造未来。

当我们说“疗愈过去”时，意思其实是疗愈那些存留在我们心中的过去。打个比方，我们走路的时候，扛着一个大袋子，袋子里装满了过去的经历。我们过去无法消化这些经历，因为有些经历太过痛苦，我们无法承受，而有些我们当时无法全然地体验，所以遗留到现在。

只有在出现变化或对比时，我们才能对事物有所感知。例如生病的时候，我们才会觉得健康的状态很美好，很快乐。如果我们总是处于健康的状态，就会忘记这种美好的感觉。考虑到这点，我们就能想象，如果我们回归到童年的状态，就会有一种前所未有的轻松和愉悦。与此形成对比的是，我们现在却处在一种压抑、紧张的心境中。我们把这些过去的负担背了太久，自己却全然不知。我们已经忘了自己小时候对身体的感受。对于孩子来说，就算遇到困难，他们的内心也能保持天真、充满活力，因为他们身上还没有那些重担。他们无论做什么事情，都全情投入到每一刻的体验中。看着他们，你就会有种轻松和亲切的感觉。

孩子般的品质

我们受伤的内在小孩需要疗愈。接受疗愈的内在小孩，不仅会放下过去的伤痛，也会接近她内在核心中的那些宝贵品质。孩子和他们的本质直接相连，从内在的核心散发出孩子般的品质：乐趣、天性、创造力、直觉、活力、激情、幽默、欢笑、好奇心、温柔、同理心、天真、开放……他们可以和自己、和他人建立深层的情绪连接；他们能全然地给出，全情地投入，用全新的视角去体验每一刻；他们能判断一个人是否值得信赖；他们想象力十分丰富，充满了智慧。

从某种程度上说，我们已经失去了一些原有的品质。我们如果对内在小孩的伤痛视而不见，也就看不到这些令人惊叹的品质。我们不断从情绪中逃离，离自己内在的核心越来越远。经过很多年，我们内在的彩虹渐渐变成了灰色。小时候，我们的脸上充满光彩，随时都能开怀大笑，放声歌唱，眼睛里闪着光。而现在，我们的脸上带着焦虑，看起来死气沉沉，十分严肃。

疗愈自己的内在小孩，生活的乐趣便会重现。

如果内在小孩能得到爱，我们的内在世界就会恢复活力，生活也会出现奇迹。内在小孩的手上有一块神奇的调色板，她会让我们的内在世界重现色彩。

疗愈的意愿

我们要为自己的伤痛负责，这是疗愈内在小孩的第一步。智利艺术家亚历桑德罗·佐杜洛夫斯基（Alejandro Jodorowsky）曾说："过去的经历是让人前进的跳板。我们不能把它当作休息的沙发，在上面一坐不起。"我们的确可以把过去当作借口，继续保持受苦的状态。然而，艰难的经历是宝贵的财富，它会让人更坚强，并使得我们在个人成长的道路上走得更远。

过去的经历可以成为人们进步的跳板。一切都取决于我们的意愿。

我们怎么培养自己的意愿，从过去的经历中走出来，并为自己的情绪负起责任呢？有两种主要的方法：

（1）痛苦到了无法承受的地步

牙齿不舒服的时候，我们并不会马上去看牙医。但过了些日子，牙齿突然疼得厉害，我们恨不得马上冲到牙医面前去。痛苦才能引起人们的关注。很多时候，痛苦是一种信号，提醒我们关注自己的身体和内心，因为有些地方需要关心、培养或转化。但我们却十分顽固，正如爱因斯坦所说："人们一遍遍地做着同样的事，却期望有不同的结果。”然而，如果我们在同一个地方摔倒了太多次，已经受够了痛苦，我们就想知道，如何跳出这种循环。

（2）懂得一个道理：人的命运取决于他对个人境遇的态度。

我们要明白，痛苦的经历是个人成长的催化剂。只有从生活中的每一刻去体会这一点，才能通过思考和行动来影响自己的境遇；要明白，我们能够让自己的生活发生转变；到那时，我们就不会再相信自己的借口和抱怨；到那时，我们就会凭着自己的智慧，真心地去学习。

除了自己，没有能疗愈你的内在小孩。不论别人多么爱你，无论他们多么想帮助你，他们都无法帮你疗愈内在小孩。别人只能为你提供引导、支持和鼓励。这条疗愈的道路，要靠自己去走，一切都要靠自己去完成。

无法感受的，也无法疗愈

荣格曾经说过：“没有痛苦，就没有意识的觉醒。”[34]要疗愈自己，就要直面自身的痛苦，不要再避开它、掩饰它、否定它。将这些压抑的情绪积压在身体里，我们会付出巨大的代价：疲惫、焦虑、紧张、心理疾病，等等。我们会对生活失去热情。当恐惧、悲伤、愤怒被压抑之后，我们就无法体会快乐、平和，以及同情心。我们的内在世界中出现了分离，所以才会觉得十分孤独。现在，我们必须回到原有的状态，让内在的情绪和自己合为一体。

我们经常会有强迫性的行为，或是上瘾的表现，这其实是从痛苦中逃离。我们做出强迫性的行为，是为了不让痛苦的感觉浮现出来。荣格曾说：“所有的神经症都是痛苦的替代品。”[35]我们有时会发现，自己沉迷于手机、暴饮暴食、拼命购物，这些行为都是为了填补情绪的空虚。

如果压制自己的情绪，我们的痛苦便会加剧。只有全然打开，让痛苦自然地浮现，它才能消散。这时，情绪就像我们的客人，只是稍坐片刻，然后就会离开。

我们无法感受的，也无法疗愈。要到达另一面，我们必须从中间穿过。只有全然地体会内在小孩的感受，让她安全地体验各种情绪：悲伤、恐惧、孤独、愤怒、羞耻、担忧、无望、绝望……这时，真正的疗愈才会开始。要达到这一点，我们就要带着爱去帮助内在小孩，陪伴她、抱着她，和她一起经历痛苦。

“我们无须因为流泪而感到羞愧，上天自当了解我们的心。

泪珠就像天上落下的雨露，可以把蒙在我们心头，使我们昏庸糊涂的灰尘洗净。

这次呜咽之后，我心头比刚才好受多了，

因为悟出了惭愧，看清了自己的忘恩负义，心境也平静下来。”

——狄更斯《远大前程》[36]

有时候，我们的痛苦似乎太过剧烈，就像无底深渊，让人绝望。然而，正如人们常说的那样：“伤痛之后，是灿烂的笑容；风雨过后，有美丽的彩虹。”在马克·诺夫勒（Mark Knopfler）的歌曲《不必担心》（*Why Worry*）[37]中，他唱出了自己积累许久的伤痛，也能让我们的内在小孩得到安慰：

宝贝，这个世界让你受了伤
他们做过的事，说过的话
让你无比绝望
让我为你拭去苦涩的泪水
吹散心中的恐惧
把天空重新点亮

还担心什么呢?
伤痛之后，是灿烂的笑容
风雨过后，有美丽的彩虹
那还担心什么呢?
担心什么呢?

宝贝，当我沮丧时，我会与你相依
因为你，我做的一切都有了意义
我知道，这些话不难说出口
这个世界或许让人心寒
但我们用爱来制造温暖
让一切都顺其自然

还担心什么呢?
伤痛之后，是灿烂的笑容
风雨过后，有美丽的彩虹
那还担心什么呢?
担心什么呢?

在疗愈的过程中，我们的目的是整合。不断积压的情绪，必然会造成内在的分离。过去的事件、负面的刻录，都被我们抛在脑后，但未经消化的内在情绪并未消失，而是变成了沉睡的能量。我们有时会觉得胸口有个结，肩上十分沉重，面部、喉咙、腹部、臀部都非常紧张，就是这种能量沉睡的结果。

如果能量自然地在体内流动，我们就有健康的感觉。这是人的自然状态。全然地生活，就是和周围的能量不断地交换。这是一种不断给予和接受的过程。不论我们吃什么，身体都会消化，或是排出。如果吃下去的食物卡在肠道里，必然会造成极大的伤害，或许还会引起炎症，危及生命。体内如果有卡住的地方，就会立即引起身体的反应，造成危险的后果，这一点我们都知道。然而，在情绪的层面上，虽然是一样的道理，但它并不会马上产生明显的后果，也不会立即带来危险。积压的情绪阻碍了身体的自然流动，人就会觉得焦虑、孤独。

有的人非常麻木，无法体验自己的情绪。他们情绪的自我极不活跃，仿佛是一具死尸。他们从不给予，从不打开。在他们的世界里没有真正的交换，只有一连串的习惯；他们的生活一片灰暗，似乎到了结束的边缘，无法延续下去。

对疗愈的抗拒

按道理来说，如果可以的话，没有人不愿意放下过去的负担和伤痛，但事实并非如此。很多时候，我们对这种解脱十分抗拒。我们以为，过去的经历是自己的一部分。“如果过去没有这些经历，我又会是谁呢？”我们的一生都基于这样的想法：“现在的我不够好，所以我要努力，我要变得有价值，受到人们的认可。”“如果我不因为自己的痛苦而责怪父母，那我又会是谁呢？我如果不再忧郁，那我又会是谁呢？我一辈子都处在悲伤之中，‘悲伤’是我的老朋友，它是我的一部分。”

我们不肯放下心目中的自己，不论他是好是坏，因为我们觉得那就是真正的自己。我们对自己的认同非常执着。如果这种认同遭到怀疑，我们便会产生心理上的恐惧、不安和焦虑。

小莹的父母对她的两个弟弟十分宠爱，对她却不太关心。她觉得自己在家里可有可无。这种不受重视的感觉一直伴随着她，她以为这就是真实的自己。

小杨十岁时，爸爸陷入了经济危机，债务缠身。他还记得，那时候邻居都看不起他们家。这让小杨很羞愧，觉得自己低人一等。现在，他认为自卑就是他与生俱来的特点。

如果我们觉得痛苦是自己的一部分，那就不会将它放下。

童年时的感受来自于当时的境遇。然而，你本身并不是童年的境遇，那些只不过是你的条件反射，并不是真实的你。这些条件反射的行为像一层层的面纱，盖住了你的光芒，而你童年的自然状态则是敞开的，充满了好奇、兴奋和快乐。如果你的境遇中充满悲伤，那就容易被悲伤所触动，但你本身并不是这种悲伤。如果你的境遇中充满恐惧，你就会被恐惧所触动，但你并非生来就感到恐惧。

在所有的条件反射行为背后，是我们与生俱来的样子。生命的目的，就在于发现真正的自己。不论心情快乐还是悲伤，不论感觉轻松还是紧张，不论面临顺境还是逆境，真正的自己永不改变。

执着于自己过去的伤痛，有时看起来似乎不是坏事。小丽小的时候，家里一共有六姊妹。于是，爸爸妈妈为了挣钱养家，开了个小餐馆，爸爸做菜，妈妈招呼客人。他们每天都要工作到很晚，在家里待的时间也不多。他们希望孩子都能听话些，毕竟白天已经很累了，不想再为孩子的事麻烦。小丽排行居中，是由姐姐带大的。姐姐原来对她很凶，她一不听话，姐姐就对她又打又骂。后来，她变得很胆小，说话细声细气的，总是愁眉苦脸。她十七岁的时候，交了个男朋友小峰。小丽的眼神中带着忧郁，散发着一种神秘感，小峰一看到她就被吸引了。深入了解之后，他对小丽的遭遇很同情，想帮帮她。然而，小丽并不想放下自己的悲伤，她知道，自己吸引他的地方，就是这种忧郁的气质。她太需要关心了，这么多年来，她一直不被重视，而现在，终于有个疼她爱她的人了。

我们的痛苦会引来别人的注意和关心。有些人觉得自己很不幸，把自己当作“受害者”，而另一些人则扮演“拯救者”的角色。从本质上来说，两种角色都是一种操纵的表现。

执着于痛苦，是对自己不负责任的表现。如果把自身的痛苦归咎于父母或伴侣，我们就成了永远长不大的孩子。我们总是想让别人带给我们快乐，就像《哈利波特》的作者J·K·罗琳说的那样：“总有一天，你不能再怪父母把你带错了方向。从你可以抓起方向盘的那一天起，责任就到了你自己头上。”有趣的是，在你用一个指头指着别人怪罪他的时候，有三个指头正指着自己，仿佛在提醒我们：别忘了关注自己的内心，为自己负起责任。

我们有时候会把痛苦当作借口，向别人索取自己所需的东西，但经常让他们觉得受到了操纵。期待别人来拯救自己，就相当于抛弃了自己的内在小孩。这样一来，我们就很难吸引别人的爱。如果我们不对内在小孩负责，而把希望寄托在别人身上，那就注定会让他们感到有压力。他们大多时候都承受不了这样的负担，于是会不断抗拒，和我们保持距离，甚至离我们而去。

如果一个人能够敞开心扉，面对自己的伤痛，疗愈它，超越它，我们看到之后，也会受到触动。如果有人用痛苦来吸引别人的注意，并不会让人触动，反而会惹人生厌。

爱是伟大的疗愈力

我们帮助自己的时候，总是想着怎么解决问题。换个角度来看，如果一个朋友向你诉说他的问题，你是不是经常给他提出建议，教他怎么解决问题？

如果我们总是想着解决自己的问题，那就意味着我们本来就有错。这样的想法背后是一种不安，而不是爱。

爱，是像园丁对花儿那样，用土壤滋养它，用水浇灌它。一个好的园丁，会尊重花自然成长的规律，绝不会试图改变它的样子。

情绪的疗愈需要关注和觉知，我们要接纳自己当下的感受，不要试图改变它。我们每个人都拥有内在的疗愈力量。完形治疗（Gestalt Therapy）之父波尔斯（Fritz Perls）将其称作为“有机体的自我调整”。完形治疗师也观察到一种“改变”中的悖论：“改变”自己，并不是把自己变成别人的样子，而是要真正地做自己。正如波尔斯所说：“只有回归本质，才能带来变化。”[38]

爱是一种疗愈的力量，也会使人转化；爱是一种陪伴，一种美好的祝愿；爱就是看到人们和自己的共同之处；爱就是让自己的灵魂得到安慰。它让分离的事物合一，让孤独的人找到归属。爱的振动有着最舒缓的力量，是疗愈灵魂的良药。

转变内在小孩的视角

心理学家发现，大多数人的选择和思考方式来自于无意识头脑。可以说，无意识头脑是头脑的根基，记录着我们对自己、对世界的核心信念。这些核心信念设定了头脑的主要运行方式。但问题在于，这些信念很多并不全面，也并不真实。在我们头脑的根基中，充满了各种童年时形成的误解。小时候，我们从父母那里听到了很多信息，例如“生活充满了痛苦”，“你不乖，你是个坏孩子”，“你是个没用的东西”，“你以后不会有出息”，“你怎么这么笨”，“你怎么这么懒”，“为什么你不能像姐姐那样”，“你什么事都做不好”……

这些核心信念就像海水中的气泡，不断从头脑的根基中浮上表面。我们的头脑中积累了各种各样的信念，它们对我们的日常生活有着极大的影响。我们每天的心情和行为，正是源于内在小孩的各种看法。我们平常的情绪和行为，大多会受到这些观念和误解的影响。小时候，我们常常认为自己全身是缺点，不讨人喜欢。这样一来，我们就不断努力，取得成就，积累财富，让自己变得有价值，让人喜欢。然而，如果她的内在小孩没有得到疗愈，无论她在外界有多么成功，她心里仍然会觉得自己全是缺点，不讨人喜欢。我的学员中有很多成功人士，她们非常富有，但是我发现，她们的内在小孩还是觉得自己不够好，她们内在的负担依然非常沉重。

在疗愈内在小孩的过程中，最核心的部分是为她注入新的观念。要达到这个目标，我们首先要弄清楚，自己的无意识头脑中，有哪些由来已久的错误信念和误解。我们必须不断接近真实。内在小孩经常感到困惑，她会责怪自己，总是觉得自己“应该”这样，“应该”那样，但却总是无法做到。因此，她需要我们的指导、解释以及智慧。

只有消除内在小孩的误解，我们才能让自己的感觉变好。

如果说生活是一场电影，那童年就是电影的片头，而孩子幼小的眼睛就是摄像机，拍下这部电影中的第一段，也是最重要的一段。从孩子的眼睛看出去，整个世界充满了新鲜感，非常奇妙，但又时常潜藏着危险。然而，我们的视角和经验有限，所以看不到全局。

小伟在小的时候，爸爸不怎么陪他玩。他觉得："我对爸爸不重要。"然而，小伟现在用成人的视角回顾过去的经历，便会明白，爸爸是因为要忙着挣钱，所以不能和他玩。其实，爸爸很关心他，而这种关心体现在他对事业的追求上。只有这样，他的孩子才能接受更好的教育。每当小伟的妈妈批评他的时候，他会觉得自己不够好。但他现在用成人的视角去看这件事，就会明白，这只是妈妈的一种教育方式。其实她对自己的孩子感觉很骄傲。

慢慢展开这部童年的电影，用成年人的视角静静观察，会有疗愈和转化的作用。成年人的眼睛看到的内容更接近真实。现在，我们更有能力去理解这部童年电影中的各个人物。有些人物当时一看就是坏人，但现在我们发现，他们的外表下也有关爱，而且比当时我们所认为的要多得多。现在我们可以想象，在他们的外表下，好像藏着一个不安的、缺乏关爱的孩子。只有看到真相，才能产生慈悲心。

事实一般是复杂的，它是很多因素互相作用的结果。它并非黑、白、灰三色中的一种，而是有各种奇妙的颜色和深度。我们有时会说"生活非常艰难"，是因为我们没有看到全局，只是把目光集中在难处。更接近真实的说法应该是这样："生活有时很艰难，有时很轻松，有时非常轻松。"我们有时会说："我这个人不自信。"其实是因为我们只把目光放在不安的感受上，却忘了自己有自信的一面。"我不自信，无法在公众面前讲话；我对数学没什么信心，但我很擅长电脑，经常去旅行，一到这时，我就觉得自信满满。"

童年的误解会造成很大伤害。负面的念头不仅扭曲了真相，还会使人不快乐。生命就是不断发挥潜力的过程。我们像一颗颗的种子，蕴含着巨大的潜力，足以长成参天大树。大树和周围的环境不断交换，并展现自己的潜力。这才是生命的意义和目的。内在小孩头脑中的负面想法就像一块块巨石，压在这颗种子上，使它失去了生长的空间。它要不断挣扎，才能获得可怜的一点光线。“我很懒”，“我不招人喜欢”，“我运气不好”，“其他人有的，我都没有”，“没有人关心我”，“我没有归属感”……这些想法就像一扇关上的大门，挡住了我们的动力和创造力。

有些人回忆童年的时候，只能记起负面的经历。在他们心中，童年的生活是艰难的，他们得不到关爱，经常觉得恐惧，难以和人亲近……在疗愈的时候，他们一定要关注美好的童年经历：开心的感受、甜美的回忆、欢乐的时光、有趣的故事、平和的日子，等等。

我们要全面地看待自己的童年，既要看到艰难的日子，也不能忘了轻松的时刻。把光明和黑暗结合起来，就更接近于真相。看清真相之后，疗愈的过程就会开始。

另一些人只记得美好的童年经历。他们带着玫瑰色的眼镜去看自己的童年，把生命的第一章贴上快乐的标签。这样一来，他们便不会看到事物的另一面：孤独的时刻、挫折的经历、失望的感受、不足的地方……如果童年大多数时候都是开心的，我们应当感恩。然而，我们也可以让自己看清事情的全部，更深入地了解自己，了解自己和他人的关系。这样，我们才会彻底认识自己的人格。每个家庭都有自己的问题，全世界都一样。

我们总是掉进同一个洞

我们来做这样一个试验：当我们遇到麻烦的时候，就把自己说的话录下来。二十年之后，再把所有的录音连起来听一遍。你会发现，虽然每次遇到的情况不同，但是我们说的话却几乎一模一样，好像总是掉进同一个洞。我们每次说的话是我们的核心负面信念："没人关心我"，"我什么都做不好"，"人们都不理解我"，"我一定要完美，不然就没人爱我"，"坏事总是落在我头上"……这些"洞"都是在童年时期形成的。童年遇到负面刻录时，我们出现的想法，渐渐形成了一种自动反应模式。从那时起，只要遇到难处，这些想法就不断重复。

要放下这些想法，我们首先要明白，它们并不是真相。想象一下，我们正在参加马拉松比赛，终点很远，我们觉得自己怎么也跑不到那里。这样一来，我们的力量就会消减，最终只能放弃。然而，如果一位有经验的选手经过你身边，告诉你："还有两公里就到终点了！"那你一定会放下刚才的想法，好像力量又恢复了。你一旦明白，这些想法并非真相，头脑就会自然地将它放下。正如美国歌手、作家波提亚·纳尔森（Portia Nelson）在《人生的五个短章》（*Autobiography in Five Short Chapters*）[39]一诗中所写的那样，对于我们主要的"洞"来说，转化和疗愈的过程大致可以分成这几步：

第一步

我走在大街上。

路边有个深洞，

我掉了进去。

我迷失了方向……非常无助。

这不是我的错。

我永远也走不出来。

第二步

我走在同一条大街上。

路边有一个深洞。

我假装没看到，

但还是掉了进去。

我不敢相信自己又掉了进去，

但这不是我的错。

很久之后我才能走出来。

第三步

我走在同一条大街上。

路边有一个深洞。

我看到了它，

但还是掉进去了……已经养成了习惯。

我眼睛睁得大大的，

我知道自己在哪儿。

这是我的错。

我很快走了出来。

第四步

我走在同一条大街上。

路边有一个深洞。

我直接绕开了。

第五步

我直接走向另一条街。

有了这本书的帮助，再加上自己的观察，我们很快就能达到纳尔森所说的第三个阶段。这时，我们对自己的“洞”已经有所了解，知道它们是如何产生的。然而，第四步就没那么简单了。在达到第四个阶段之前，我们会掉进洞里许多次。首先，我们掉进洞里之后，才知道自己掉了进去；在下一个阶段中，我们正在下落的时候，就意识到自己要掉进洞里，但就是停不下来，结果还是掉了进去。如果我们不断练习，某一天，我们将要下落的时候，就会有所感知，从而产生强烈的意愿，采取不同的做法，不再重蹈覆辙。我们可以带着爱告诉内在小孩：“我们这次不再这样了。”在这一过程中，我们必须对自己十分耐心。每次掉下去，都是一种必需的经历。我们意识越清晰，“内在的眼睛”越是雪亮，到达下一个阶段的速度就越快。

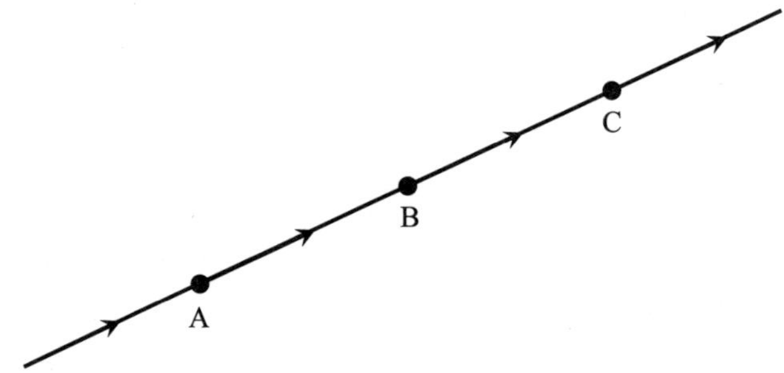

请看上图。个人成长的过程并不是一条直线。我们不能从 A 点直接到达 B 点，从 B 点直接到 C 点……也许你会认为，如果个人成长的道路始于 A 点，那我们就永远不会回到 A 点了，但事实并非这样。

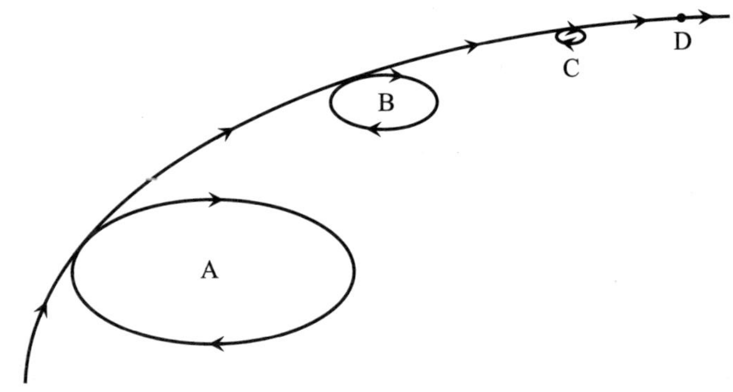

请看上图。个人成长的过程其实更像一条螺旋上升的曲线。我们这一生，

无非是围绕着几个核心的主题不断发展。我们沿着螺旋的曲线不断上升，越来越高，就像鹰一样，从上空俯视地面，看得更远，更全面。同时，我们困在“洞”里的时间变得越来越短，所以螺旋越来越小。从“洞”里出来的速度变快了，就说明我们在个人成长的路上取得了成功。我们对自己的模式有了清晰的认识，不再因为这些“洞”埋怨他人，而是自己对它负责。现在，我们知道怎么从“洞”里走出来，并且明白，这些难处并非来自于自身的境遇，而是来自于我们面临困难时的反应。从自身经验来看，只要我们改变面对境遇时的反应，境遇本身就会发生变化。

我们要把内在小孩从负面的想法中解放出来。我们要用全新的眼光去看她的价值、能力、才能、需求、渴望、不安、力量……我们要发现内在小孩的本质，不受自己或他人评判的影响。她身上有着活力、快乐、光芒、智慧、意愿、天生的好奇心……这是任何一个幸福、安全的孩子所具备的品质。我们要向孩子讲出真相，消除她的误解。经常感到迷惑的她，需要我们的指导。我们要告诉她：她不会受到任何评判的限制，她本来的样子就是最好的；她是个天真的孩子；她生来就是一颗种子，而生命的意义就在于培养它，让它茁壮成长。

疗愈内在小孩的羞耻感

如果我们的内在小孩觉得自己没有价值、不值一提、没人喜欢，全身上下都是缺点，我们就会产生羞耻感。羞耻感是一种什么感觉？当别人看着我们的时候，我们会觉得害羞，很不舒服。我们会想办法藏起来，不让别人看到。

要疗愈羞耻感，我们就要发现自己的内在小孩，并意识到她是个天真的孩子，值得被爱，值得被赞赏；要疗愈羞耻感，我们就要看到内在小孩纯洁的眼神；要疗愈羞耻感，我们就不能用完美主义来要求自己，因为真正的完美，就是接受不完美；要疗愈羞耻感，我们就要意识到，即使自己不完美，也会拥有爱。

练习：向内在小孩传递疗愈的信息

（CD-3 **疗愈内在小孩的话语**）

我们可以让内在小孩的形象留在自己心中，用平静、友好、真诚的语气和她谈心。当然，最好是用自己的方式和她讲话，但为了给大家一些启发，你可以试着使用下面的句子：

欢迎你，我亲爱的孩子。

你中有我，我中有你。我们本是一体。

你的存在让我很快乐。

现在，我可以看到你，一个纯洁无瑕的你。

你是生命的孩子，你有着宇宙中最宝贵的礼物：生命的本质。

你和宇宙是一体。

你和宇宙中的万物一样重要。

你要的时间，我都会给你。

我正在学习，学习怎样更好地爱你。

你值得拥有快乐。

你值得拥有爱。

你的需要，我都理解。

我要照顾好你，我要以最好的方式来照顾你。

请对我耐心一些，因为我还在学习之中。

你在我的心里有着特殊的地位。

我永远不会离开你，我会永远和你在一起。

好奇、欲望、观察、触摸、品尝都是你的权利，我会让你安全地探索这个世界。

我爱你这个样子，不需要任何改变。

我会陪着你，关心你的需求。

你可以做自己。

你现在的感受，一定有背后的原因。

你是光，你是平和，你是感受背后的力量。

你生命的意义在于表达和发现自我。

你生命的目的在于发挥出无限的潜力，就像种子一样，不断成长，长成顶天立地的大树。

每个人都是独特的，不用把自己和他人比较。永远不会有第二个你。独一无二的你，是不可复制的。

身边的人们就像镜子，可以帮你发现自己的各个方面。

生活是互动的游戏，给予、接收，不断地交换，不断地学习。

我喜欢看着你长大。

我越了解你，就越珍惜你。

家庭的困难，并不是你的责任。

你不必为爸爸负责。

你不必为妈妈负责。

你是爸爸妈妈的祝福，无论他们是否知道。

无论如何，我都想和你在一起。

你可以相信自己的体验，自己的感受。

如果你想哭，你可以尽情地哭。你并不孤单，因为我会陪着你。

犯错了也没关系。即使犯错，你也是个可爱的孩子。

我爱你这个样子。

在练习中，一定要使用那些最能触动你的句子。

和内在小孩交流的最佳方式，应该包括以下三点：

（1）使用简单的句子，就像和小孩子说话那样。

（2）说这些话的时候，在头脑里形成相应的画面。画面是无意识头脑所用的语言。夜里的梦境以及白日梦就是这样形成的。如果你对内在小孩说“你像一棵树的种子”，那么头脑中就要形成对应的画面。如果你告诉内在小孩“我关心你”，那么就在头脑中想象：成年的你正抱着小时候的自己。

（3）让这些话唤醒自己内在的体验和感受。如果你告诉内在小孩“你现在这样就很棒”，那就体会一下，有人称赞自己“很棒”，是一种什么样的感受。如果你对内在小孩说“你现在很安全”，那就体会一下平和、安全的感受。

内在小孩使用无意识头脑的语言，这种语言是由简单的词句、图像、感受组成的。它们汇聚成一种有力的信息，把真相和坚定的感受记在无意识头脑中。

练习：想象内在的转化

我们已经向内在小孩讲出了真相，并且给她带去了疗愈的信息。接下来，我们还有重要的一步。现在，我们可以用几分钟时间，想象一下：内在小孩接受了这些疗愈的信息，了解了其中的真相之后，她的生活状态会有什么变化？请记住，她的外部环境并没有改变，还是和童年的环境一样。然而，听到这些话语之后，她的内心世界会有什么不同？内在小孩的感受和态度是怎样变化的？现在，内在小孩了解了真相，有了你的帮助，她在实际生活中会有什么不一样？如果你用心去观察，就会发现，内在小孩变得更自信、更敞开、更放松、更乐观、更有动力了。她的身体姿势比以前放得更开；走路时，步伐也比原来轻松，姿态也更加优美。爱能让人进入深度放松的状态，也给生命带来了意义。

为了给内在小孩注入新的信息，我们可以找一个放松的时刻，以免头脑中批判的声音太过强烈。简单、真诚的方式是最有效的。成人的头脑要接受这些信息，才能把它们传到内在小孩的头脑中去。孩子很容易就能看出来，你对自己说的话是不是有信心。

纠正内在小孩的误解是一项内在的工作，需要多年的努力才能完成。无意识头脑中有许多被人忽视的角落，每个角落里都藏着偏见、评判、要求、自责、误解……但如果内在小孩的头脑接受了新的信息，我们的生活就能不断扩展，并且变得更好。摆脱那些局限和负面的信念，就像脱掉一件沉重的外衣，让人感觉十分轻松。

疗愈内在小孩的情绪——波浪原则

正如前文所述，我们可以为内在小孩注入新的信息，用更宽广的视角去看待童年，纠正童年时的误解。除此之外，在疗愈内在小孩情绪的过程中，还有一点也非常重要：清理过去积累的情绪负担。想象童年的情绪就像海里的波浪，意识头脑则是海岸。波浪转瞬即逝。你的境遇就像吹动波浪的海风，海浪被推着拍向岸边，破碎、消散，融化到大海之中……然而，负面的刻录造成的波浪更大，不仅数量更多，而且强度、深度都不同。当这些巨浪将要拍向岸边时，你会觉得非常恐惧，不敢将它们放开。这些巨浪过于强烈，让小时候的你难以承受。你不得不保护自己，立即冻结这些巨浪（如同进入情绪瘫痪的状态）。从那时起，这些尚未化开的波浪就藏在你的心中，并在身体上显现出来，使身体紧张，引起情绪反应，造成压力。我们心中积累了太多卡住的情绪能量，就像背着一连串被冻住的波浪。现在，我们要把它们放下，让心里的结解开，让卡住的情绪能量流动起来，并最终消散。

“冻住的波浪”这一画面，有助于我们理解疗愈过程中的一个重要原则：波浪要消散，就必须破碎。同样地，要放下情绪，我们必须全然地体会。苏菲派诗人鲁米曾经说过：“治愈痛苦的药方，就在痛苦之中。”无法感受的，也无法疗愈。不让波浪变成碎片，就意味着对情绪说“不”；让它破碎，才是接纳情绪的表现。我们也许会抽泣、大哭、颤栗，或是大声喊出来。但无论如何，我们都要全然地感受自己的情绪，尊重自己内心的真实。

不论何种情绪，只要我们深切地去感受，它就会被心化解。

情绪有时消失得很快，有时很久才能散去。但无论如何，情绪都会成为过去，不会留下任何负担。

只要把这一简单的原则运用到生活中，我们就能减少多年以来积累的情绪负担。请看下面的几个例子：

我六岁那年，爸爸妈妈离婚了。妈妈离开了家，搬到其他地方去住。她走的那天晚上所发生的一切，是我最强烈的一次刻录。我当时只有六岁，还很需要妈妈的关注和照顾。那时，被遗弃的感受是如此强烈，我不得不让自己陷入麻木的状态，让痛苦减轻一些。我什么都没做，只是呆呆地看着妈妈离开。悲伤、恐惧、难过……像一阵阵波浪，一下子被冻住了。我变得“坚强”“独立”，但同时又非常压抑，非常自卑。我把悲伤藏在身体内某个角落，但它却在脸上显露出来。毕竟，脸是灵魂的镜子。之后，我压抑了自己的需求，变得“独立”。由于头脑中形成了固有的观念，依赖别人的时候，我总认为他们有一天会抛弃我。我假装“独立”，和周围的人保持情绪上的距离，但我内在的某一部分还是觉得非常孤独。妈妈走了之后，我和爸爸住在一起，但我还是禁不住想念妈妈，希望她能够在我身边，给我温暖。我背着悲伤的负担，背了很多年，直到我第一次见到自己的心灵导师。他们对我无条件地接纳，让我悲伤的情绪找到了出口。他们教会了我如何在安全的、充满关爱的空间中处理情绪。我哭啊哭，不断呼唤妈妈，把心里的话都说了出来，我一边大吼大叫，一边摔枕头，以此发泄内在小孩的不满。经过多年的疗愈之后，我还是能回忆起妈妈离开时的样子，虽然它曾对我造成很大的创伤，但我内心却变得开放而平和。

如果你记得自己经历的刻录，但心里却毫无感觉，那就说明你的情绪还处在被压抑的状态。首先，你需要找到这些情绪。要记住，无法感受的，也无法疗愈。这么多年，你一直把情绪埋藏起来，所以要花些时间才能找到它们；要找到这些情绪，就像是让花儿绽放一样，需要时间和爱。我开办内在小孩课程，其目的之一就是帮助学员打开，然后进行疗愈。在专业人士的指导下，处理情绪的工作会变得更容易。课程的设计理念，就是让学员在安全、自然的环境下练习。你需要把本书介绍的各个原则化为自身的体验，让自己真正从中受益。参加课程，可以帮助你体验这些过程。

小胡小的时候，他爸爸妈妈经常在家里吵架，有几次还大打出手。小胡看到这一幕，心里十分害怕，于是，他把自己恐惧情绪的“波浪”冰冻起来。后来，每次看到有人打架，他都会觉得心里非常不舒服。外界的事件触发了他积压的情绪。

小兰小的时候，曾被自己姨父骚扰。当时，姨父把她抱在腿上，不怀好意地摸她。小兰被吓坏了，觉得一片困惑，同时又觉得很恶心、很内疚。她那时还小，无法保护自己，只能把当时的感受“冻”起来。这件事成了她深藏在心底的秘密，直到今天也没人知晓。后来，她谈恋爱的时候，不愿和男方有任何亲密的举动。结婚之后，一旦丈夫提出那方面的要求，她的身体就会变得紧张，整个过程也十分煎熬。

小蓉小的时候，经常被她妈妈严厉批评。似乎无论她做什么，妈妈都不满意。她不得不冰冻那些悲伤与愤怒的情绪。后来，如果她的丈夫或同事对她有一点轻微的指责，她就会感到突如其来的悲伤与愤怒，而她在表面上完全控制住自己。

从这些例子中可以看出，我们重复的情绪反应源自于童年刻录。除非我们化解了背负着的冰冻情绪波浪，否则我们总是做出同样的反应。现在，让我们从情绪“监狱”中解放出来。

练习：化解刻录中的情绪

为了保证安全和练习效果，你需要在心理咨询师的陪伴下完成。如果你有强烈的刻录，一定不要单独做这个练习。

首先，你需要回忆自己经历过的负面刻录。然后，感受一下，哪一次刻录现在最能引起你的情绪？找到答案之后，就问问自己：当时的情况是什么样的？如果刻录中的事件反复发生，就选择最有代表性的一次，或是情绪最强烈的一次。再问问自己："我当时的感受是什么（恐惧、惊恐、难过、抛弃、愤怒、羞耻、不满、失望、受伤、担忧、紧张、麻木……）？""我当时是怎么理解这件事的？我心里想的是什么？如果我不受控制的话，当时会有什么举动？我的冲动是什么？"

每个刻录都包含下列四项因素：

（1）造成负面刻录的具体情景。当时发生了什么？何时？何地？有哪些人？

（2）你在这一情景中的感受。你当时的感受应该是什么样的？

（3）你当时产生的想法。我是怎么解读当时的情景的？我心里怎么想的？

（4）你当时的冲动。如果我当时不受控制的话，会有什么举动？

我们来看看这个例子：

就我个人的经历来说，当时的情景是：父母离婚，妈妈离开了家，搬到其他地方去住；我当时六岁；当时的感觉是麻木，但在麻木背后，有一种深深的悲伤以及被抛弃的感觉，还有一种对妈妈的恨，因为她离开了我们。我当时的想法是这样的："她不关心我。我肯定是做了什么错事，所以她才离开。我对她来说一点都不重要。"如果我不受控制的话，肯定会嚎啕大哭，呼唤她，把她拉着，叫她不要走。

在小胡的经历中，当时的场景是父母打架。这样的事情不止一次，但小胡选了他记忆中最强烈的一次。那年他十二岁。当时，一家人正在厨房里吃早饭，突然，爸爸妈妈因为早饭的事吵了起来，而且吵得越来越厉害。妈妈对爸爸大吼大叫，爸爸则狠狠地打了她一巴掌。妈妈摔在地上，大哭起来。爸爸没有理会，而是摔门而去。小胡看到了整个过程，爸爸让他很害怕、很生气。他怪自己没有保护好妈妈，因为他觉得自己本来可以阻止这一切。他当时的冲动，应该是对爸爸大吼一声，然后将他从妈妈身边推开。

在小兰的例子中，她屡次被小姨父骚扰。她选择了最有代表性的一次，那一年她才七岁。因为爸爸妈妈工作很忙，所以她每次暑假都会去小姨和小姨父家住。有一次，小姨在楼下做饭，海兰和姨父在楼上玩。姨父把她抱到自己腿上，给了她一个布娃娃。她拿着布娃娃，玩得很高兴。但在这时，姨父开始触摸她的身体，先是背部，再把手伸到裙子下面。小兰被吓坏了，同时又很困惑。她觉得事情有些不对劲，但又不知道怎么办。她当时的冲动是想逃，但却不敢这样做。她吓得动也动不了，头脑完全和当时的情景断开了连接。

小蓉经常被妈妈责骂。她选了最有代表性的一次。她十岁那年，有一天，她让妈妈在学校的成绩单上签字。妈妈一看到这份成绩单，就开始对她大吼："你怎么这么差！我为你读书操了这么多心，你还是这么没出息！隔壁家的孩子个个都比你好！"她很害怕，觉得自己被羞辱了。如果她不受控制的话，应该会对妈妈大声说："我做什么你都不满意！"然后跑到自己的房间里躲起来，大哭一场。

为了消除过去积累的情绪负担，我们可以设定一段时间，在一个不被人打扰的空间进行练习。一定要在资深咨询师的陪同下进行练习，因为在处理强烈的负面刻录时，他能帮助你达到练习效果，并保证你的安全。练习时，穿上宽松的衣服，关掉手机。闭上眼睛，想象刻录中经历的场景，好像回到了小时候的状态，再次经历这一事件。深呼吸，慢慢唤醒自己的感受。不论产生什么感受和情绪，都要接纳它。如果有情绪产生，就快速地呼吸，让声音从嗓子里出来。手上可以抓个枕头，挤压它，或是用它砸向地面；也可以找张报纸，把它撕碎，用双手来表达自己的情绪。不要控制自己的声音。在保证安全的情况下，一定要相信自己身体的感受，顺着它，将情绪表达出来。在整个过程中，保持意识清醒，不要伤到自己。头脑中想着当时的情景，似乎这件事就发生在当下。但是，这一次和当年的经历不同，现在你要全然地打开，感受这一情景，用心将痛苦化解。如果你想哭，请哭出来；如果你全身颤抖，也不要控制；如果你想大喊大叫，就请喊出来。你也许会发现，原来的防御机制又被激活了，似乎要让你再次进入麻木的状态，否定这些情绪："这也没什么"，"现在这些都不重要了"，"我已经解决了"……这些都是典型的借口。我们要理解自己的抗拒，但不要使其加剧。你可以对自己说："我想真正地放下。要放下，我首先要打开。"

你做得非常好。让心柔软下来，回到小孩子的状态。不要因自己的脆弱而恐惧。这时，回想一下自己当时的冲动。无论它是什么，都在自己的头脑中想象出来，仿佛自己回到了当时的情景，做出了冲动的行为。不要克制，把想说的话都说出来，或是尽情地哭泣，让人们听见你的声音。顺着自己的情绪，不断地表达。这种感受也许非常强烈，但只要你全然地体验，就会在心里给它腾出一些空间，让它慢慢消解。尊重自己的节奏，慢慢来。如果这些情绪触发了其他的场景和刻录，那就顺着它们进行下去。在整个练习的过程中，我们要保持信任的态度。

第一次做练习的时候，你可能会对自己打开的程度不太满意。你也许会觉得有些麻木，精神不够集中。这都是正常的情况。进入无意识头脑是一个循序渐进的过程。如果使用药物，可以使这一过程加快。但这种方式会让人失去控制，所以并不安全。开始的时候，最好慢一些，做好每一步，注意安全。我们用来让自己麻木的心理防御层，是多年积累的结果。所以，要反复尝试，并保持耐心，我们才能穿过保护层，全然地体会自己的情绪。要相信，每次做练习时，你都能达到这一刻的最佳效果。我们要珍惜自己的每一点进步，而不要总是想着自己的不足。要相信，下一次练习的时候，这些不足的地方也会变得更好。

我们要对自己温柔一些。如果情绪过于强烈，我们可以暂时不要接近，而是“坐在它旁边”。正如简德林说的那样：“要闻到汤的香味，我们并不需要把鼻子伸进汤里。”我们可以在身体里找到自己的情绪，轻轻地把手放在上面，再“慢慢地接近它”。

接下来，请闭上眼睛，开始想象：现在，成年的自己进入了内在小孩当时经历的情景。你走到她身边，不让其他人伤害她。你可以抱着她，并对她说：“我来了。现在和以前不一样了，你有了我，让我来保护你。”现在，成年的你保护着自己的内在小孩。你并不需要去攻击那些伤害内在小孩的人，但你可以阻止他们，并对他们说：“你在伤害这个孩子，你难道不知道吗？我不会让你这样做。”

如果我们小时候曾被侵犯、羞辱、欺负、虐待，那在做练习的时候，一定要让自己成年人的部分保护好内在小孩，并且挺身而出，阻止侵犯者的行为。我们可以把这一过程写下来，然后再开始想像。“你对我……”“我感到……”“你的行为影响了我的生活，比如……”“你做的太不公平；你残暴至极、让人恐惧；你十分可耻、可悲……你可耻的行为让我背上沉重的负担，我把它们都还给你。我不会再为你承担，你应该对自己负责，你要自己处理自己的事情，我只是个无辜的孩子。我要保持轻松、天真的状态。”可以在头脑中想象整个过程，好像事情正在发生一样。这些画面、念头都要经过转化，才能被疗愈。无意识头脑可以理解，现在一切都不一样了。现在，危险已经过去，你成年的自己保护着脆弱的内在小孩，不让她再受到伤害。

在疗愈的过程中，我们需要用慈悲和耐心对待自己。不能操之过急，也不能强迫自己。

然后，你可以想象，成年的自己拉着内在小孩，带她离开当时的场景。你拉着她，一起去一个美丽、安全的地方，享受相聚的时光。现在，你可以安慰内在小孩，让她知道，现在一切都很安全。你也可以向内在小孩解释一下当时的情景，还有情景中各个人物的情况。你要让她明白，你比她懂的更多，经验也更多，所以可以帮助她。

这时，你可以用自己的双手，为自己轻轻地做一次按摩，好像成年的自

己正用这种方式安慰内在小孩。你通过自己的双手，记录下新的信息，让她明白，有人爱她，珍惜她。经历了创伤之后，孩子需要来自亲人的拥抱。这样，他们会感觉更平静、更安全。你可以给自己一个温柔的拥抱。

敞开心扉，面对心里的各种感受，这是一种内在力量的体现。

很多人从外表看来，似乎充满力量。然而，他们却缺乏内在的力量，所以内心会感觉不安。为了逃避痛苦的感受，他们开始寻找各种“安慰”：烟酒、食物、购物、性……敢于面对自己的内心，才是真正的勇气。所以，很多人并没有为内在的清理做好准备。首先，他们要增强自己的人格。如果一个人的人格十分脆弱，他就会惧怕自己的情绪。情绪产生时，他们会觉得情绪是一种压力，一种威胁。

在他们的体验中，情绪似乎超越了他们自己。所以，为了保护自己，他们只能将自己关闭，让自己麻木，假装一切情绪都不存在。

我们怎么增强自己的人格呢？答案就是：积极地生活，有意识地生活；全然地体验生活中的每一刻；把能力转化为行动，不要只是当个旁观者，要积极地参与到生活中去。我们可以在很多地方发挥自己的潜力，展现自己的爱，积极地表现自己。我们可以放声大笑，享受快乐，也可以创造新的想法，学习新的技能，让自己的理解更广、更深……如果我们每次都能多一点爱、多一点力量、多一点注意、多一点关心、多一点快乐、多一点智慧、多一点决心……这些品质就会不断发展，让我们感觉更强大、更坚定、更真实。这样我们就能对整个内在世界保持打开的状态。我们感觉越强大，就越能打开面对过去冻结的痛苦感受；我们越能面对这些痛苦的感受，就会变得越强大。

在疗愈的练习中，我们体验了过去的创伤，将压抑的情绪表达出来，并在过去的刻录之外，为自己注入富有疗愈力的新信息。过一段时间，可以再做一次这个练习。每次练习之间要隔开一段时间，每周一次的频率较为适合。我们要不断练习，直至童年的情绪负担大幅减少。练习中的每一步都要做到位。这并不是要重新体验当时的经历，而是要给自己注入新的信息，让内在小孩明白，过去的情景已成过去；而现在，成年的自己正在保护她、照顾她。

我们已经放下了自己主要的情绪负担。现在，练习进入了微妙的阶段。我们可以进入冥想的状态，让过去的回忆在脑海中随机浮现。无论这些回忆激发了什么感受，我们都要全然地接纳。在高级阶段，我们不需要用喊叫来表达，因为我们之前已经表达了内在小孩的心声。现在，我们只需保持打开的状态，体会与回忆相关的各种感受。有些感受非常微妙，但我们也要去体会，并学会放下，既不抗拒，也不执着。让各种回忆、感受自然地浮现，自然地消失，就像天空中的云彩一样。

有些专门的练习可以净化无意识头脑，让内在小孩从过去的情绪负担中解脱出来。在日常生活中，我们有时需要压抑自己的情绪，并用理性的头脑思考，这时到底能不能表达出来？表达之后会有什么效果？是积极的，还是负面的？我并不是要大家随时随地，不加控制地表达自己的情绪。适当的时候，我们可以表达；如果时机不对，那就需要压抑。情绪就像水一样。打开水龙头，我们就开始表达；关上水龙头，我们就加以控制。只有做到开关自如，我们才是情绪的主人。我们既需要“开”，也需要“关”。在有些场合下，我们需要压抑情绪，但关键是要有所意识。

我们能有意识地压抑情绪，也能有意识地表达和释放情绪。

比如在学校里，上课的时候，孩子们都规规矩矩，控制自己玩耍的冲动，把精力都花在学习上。然而，下课铃一响，孩子们所有的冲动和情绪都迸发出来：他们冲到教室外面，互相追逐打闹，又唱又跳。再比如说，你上个月叫一位下属完成一项工作，但限期到了，他并没有完成，还做出一副不以为然的样子。你觉得很不舒服，对他很生气，差点想对他大吼起来。但你知道，发脾气也许并不能解决问题，所以你决定先忍一忍，用坚定的语气、理性的方式把问题解释了一遍。下班之后，你在健身房里拼命地奔跑、游泳，把所有的愤怒和不满都发泄出来。我们要学会用健康的方式释放愤怒的情绪。

让自己变得更强大

之前，我们体内的一部分能量一直被用来压抑情绪，但经过疗愈之后，这些能量渐渐与“我”（原文为“I”）的体验相整合，加强了“我”这一身份，或是关于“我”（原文为“me”）的感受。关于“我”的感受中包含的能量越多，我们的感觉就越真实，越强大。压抑的能量如果没有完全释放，就会造成紧张和焦虑；而经过整合之后，这些能量就成了自我意识的一部分。为了更好地理解“人格的力量”，我们可以看看下面这个例子。想象一下，你去参加一个培训班，或是去学校上课，第一天到教室的时候，你发现大多数人你都不认识。然而，你不用多想，就会有所感觉：自己与其他人相比，是较强，一样强，还是较弱？每次参加新的团体，你都会有这种感觉，只是自己没有意识到。如果你的人格较强，你身处团体中时，会有一种坚定、真实的感觉。如果你的人格较弱，你便会感到不安、害羞，觉得自己低人一等。人格的力量和身体的力量并不一样，也许有人身材矮小，但对于“我”这一概念有强烈的感受；有的人身材高大，但对于“我”的感受非常微弱。

欢乐的“波浪”

被压抑的情绪可以经过疗愈转化，被欢乐的“波浪”替代。

小明四岁的时候，爸爸因为工伤失去了生命。妈妈感到非常绝望，很久都没有从悲痛中走出来。小明印象中的童年，全是妈妈伤心的样子。因此，他无法像其他孩子那样开心地玩耍。他变得非常严肃，经常一个人静静地读书。小明知道，他小时候压抑了太多欢乐，现在，他要把轻松、幽默、享受、欢笑带入生活，才能真正地疗愈自己。

小夏是家里的大女儿。爸爸妈妈一共有五个孩子。于是，照顾弟弟妹妹的责任就落在了小夏的肩上。她从小就承担了很多责任。九岁的时候，她就学会了各种家务：做饭、打扫房间、洗衣服……她没有多少玩耍的时间。她知道，爸爸妈妈想让她成为弟弟妹妹的榜样。为了获得父母的爱和认可，她压抑了自己玩耍的天性。上了“内在小孩”的课程之后，她意识到，自己在现在的生活中也是一样：总是把家人和朋友照顾得很好，但却忽视了自己的需求。她常常觉得很累，内心很空虚。对于她来说，疗愈的过程就是学会照顾自己，考虑自己的需求，让自己自由地休息、玩耍；需要帮助的时候，也要敢于开口。她知道，如果她逼着自己每天给全家人做饭，时间一长，大家

养成了习惯，就会觉得理所当然。现在，她开始为自己考虑，照顾别人的同时，也照顾自己的需求。她向丈夫提出要求，说自己不会每天做饭了。一开始，丈夫有些不高兴，但他后来明白，这一切都是为了妻子的快乐。于是，到了周末的时候，他就自己做饭，也经常带妻子外出用餐。

如果有许多本能的力量、冲动、情绪积压在心里，久而久之，它们便会产生毒性。即使是爱，如果没有表达出来，没有体验，也会使幸福的心理状态遭到毒害。如果我们在小时候无法表达快乐，无法自由地玩耍，那现在就要让自己的内在小孩享受快乐。只有享受快乐，生命才有价值。正如美国作家汤姆·罗宾斯（Tom Robbins）所说："享受快乐的童年，什么时候都不晚。"

第十一章

我们是如何错待自己的

如何爱自己，这是每个人都会面对的最大挑战。

斯科特·麦克劳德（T.Scott McLeod）[40]

乍一看，这个问题显得有些抽象。我们知道自己如何对待父母、伴侣、孩子、朋友、同事……但我们是怎么对待自己的？似乎难以捉摸。

在这一章中，我会帮助大家看清生命中最重要、最持久的一段关系：和自己的关系。

晓波去年离婚了。一位朋友有些日子没见过他了，见面后就问他："最近有没有认识新的女孩子？"晓波真诚地说："其实，我现在全然地爱着自己。"

我们诞生于母体之中，终结于最后一丝呼吸，在整个过程中，我们都和自己在一起。无论是否意识到这一点，我们每时每刻都在和自己相处。我们和自己头脑的对话永远不会停止。

我们是如何对待自己的？如果对此没有意识，我们就进入了自动的行为模式。我们像父母对待我们那样对待自己：他们对我们做了什么，我们也会照做；他们不会对我们做的事情，我们也不会对自己做。

练习：找出你通常对待自己的方式

请仔细阅读下面的描述。思考一下，爸爸妈妈小时候是怎么对待你的？如果某一特点符合妈妈对待你的方式，就在对应的一栏中写上M；如果某一特点符合爸爸对待你的方式，就在对应的一栏中写上F。如果小时候有其他人带过你，和你一起居住的时间超过五年，并且某一特点符合这位“主要照顾者”当时对待你的方式，那就在对应的一栏中写上C。

	母亲	父亲	其他主要照顾者
专制/蛮横			
从不阻拦			
十分苛刻			
容易接纳			
要求很多			
轻松随和			
有求必应			
工作繁重			
关心体贴			
与人疏远			
容易生气			
缺乏耐心			
十分耐心			
咄咄逼人			
心平气和			

续表

	母亲	父亲	其他主要照顾者
自私自利			
说话带刺			
鼓舞人心			
提供支持			
羞辱他人			
提供保护			
眼里只有缺点			
经常让我有负罪感			
善于倾听			
拖延症患者			
占有欲强			
操控欲强			
与人疏远			
不重视感受			
不喜欢表达自己的感受			
依赖他人			
做事专注			
喜欢猜疑			
工作狂			
避免冲突			
创造力强			
陷入某种模式，不断重复			
不记仇			

续表

	母亲	父亲	其他主要照顾者
怨气重			
做事主动			
缺乏安全感			
没有空闲的时间			
经常过度焦虑			
偏执狂			
妄自菲薄			
骄傲自满			
常常抱怨			
不愿寻求他人帮助			
固执己见			
容易变通			
不善与人交流			
关注自身健康			
不注意自身健康			

现在再看一遍这些描述，看看哪些符合你对待丈夫/妻子/男友/女友的方式。如果你现在单身，那就回忆一下，以前你是怎么对待前男友/前女友/好朋友的？

专制/蛮横	
从不阻拦	

续表

十分苛刻	
容易接纳	
要求很多	
轻松随和	
有求必应	
工作繁重	
关心体贴	
与人疏远	
容易生气	
缺乏耐心	
十分耐心	
咄咄逼人	
心平气和	
自私自利	
说话带刺	
鼓舞人心	
眼里只有缺点	
经常让他 / 她有负罪感	
提供保护	
羞辱他人	
提供支持	
善于倾听	
拖延症患者	
占有欲强	
操控欲强	

续表

与人疏远	
不重视感受	
不喜欢表达自己的感受	
依赖他人	
做事专注	
喜欢猜疑	
工作狂	
十分顺从，避免冲突	
陷入某种模式，不断重复	
不记仇	
怨气重	
做事主动	
缺乏安全感	
没有空闲的时间	
经常过度焦虑	
偏执狂	
妄自菲薄	
骄傲自满	
常常抱怨	
不愿寻求他人帮助	
固执己见	
容易变通	
不善交流	

你一般是怎么对待自己的？这两个练习应该可以给你一些提示。在两个

练习中标出的各个特点，或多或少的反映了你对待自己的方式。从现在开始，我们要观察得更仔细一些。首先，回顾一下上面两个练习中选出的特点，思考一下：它们在生活中有哪些具体的表现？有时候，你无法原谅自己的错误；有时，你忽视了自己的感受。不要再掩饰，看看你到底是怎么对待自己的；有意识地观察，让自己固有的模式显现出来。父母和老师的影响，无形中塑造了我们自己与人相处的方式。一旦意识到这种影响，转化的过程便会开始。我们有时候会发出这样的疑问："我真的想这样对自己吗？如果我需要别人的尊重，为什么我却不尊重自己？如果我需要别人的重视，为什么我却要看低自己？如果我需要别人的谅解，为什么我却对自己心怀怨恨？"

孩子怎么知道自己有没有价值呢？她怎么知道别人是否尊重她？他怎么知道自己有没有能力？对于这些问题，他／她只能向父母寻求答案。父母对待她的方式，父母对她说过的话，都是孩子信念形成的因素。

小时候，我们会把父母对待孩子的方式内化成对待自己的方式。如果父母很严苛，我们就对自己很严苛；如果他们经常鼓励孩子，我们就经常鼓励自己；如果他们待人冷漠，我们也就忽视自己的感受。他们怎么对我们，我们就怎么对自己。

此外，我们对待自己周围的人的方式，也是基于父母对待我们的方式。做完第二个练习，你就会明白：亲密关系就像一面镜子，反映了我们对待自己的方式。如果我们经常对伴侣缺乏耐心，对自己当然也缺乏耐心；如果我们对伴侣十分苛刻，对自己一定也十分苛刻；就像英国散文家威廉·哈兹里特（William Hazlitt）说的那样："我们从来不会和'别人'争吵，因为我们不满的其实是自己。"

在一段亲密关系中，我们对待自己的方式会迅速表现出来，并且成为我们和另一半相处的主要方式。对于父母来说，他们对待自己的方式，也会体现在和子女的关系中。

我们若不能转化和自己的关系，就不可能转化并改善和孩子的关系。

如果我们想对孩子更耐心些，多帮助他们，但同时又对自己十分严苛，那就无法实现根本的改变。我们和自己的关系，随时会在和孩子的关系中反映出来。

我们若不能转化和自己的关系，就不可能转化并改善和伴侣的关系。

如果我们想更爱自己的伴侣，对他 / 她宽容一些，但同时又对自己十分刻薄，那也无法实现根本的改变。我们和自己的关系，随时会在和伴侣的关系中反映出来。

和自己的关系，是我们最重要的一段关系。它构成了所有其他关系的基础。

通过别人对待我们的方式，也可以看出我们对待自己的方式。就像埃莉诺·罗斯福[41]（Eleanor Roosevelt）说的那样："没有人能够对你做什么，除非你对自己就是这样做的。"对自己苛刻的人，也会让别人苛刻地对待他；对自己关爱的人，也会让别人爱他，尊重他。

如果意识不到自己错待自己的方式，我们就会不断重复一贯的做法。这不仅会让自己尝到苦果，也会影响周围的人。

内在批评者

我们经常苛刻地对待自己：忽视自己的需求；对自己的内在小孩控制过度；贬低自己的努力，甚至嘲弄自己。

如果父母对我们很苛刻，不断地羞辱、批评、贬低，那我们就会对自己这样做，甚至比他们还要苛刻。这样一来，我们的自尊心就受到了损害。

我们的人格特质中，有一部分对自己特别严苛。弗洛伊德将其称作"超我"(super-ego)；在完形疗法中，这一部分被称作"优势"或"大狗"(top dog)；在沟通分析中，它被称作"严厉的父母"；在内在声音对话中，它被称

作“批判者”。这一部分的作用是保护我们[42]。这个“批评者”是个严肃的内在形象，他脾气暴躁，对人苛刻，从来不会满意。他总是担心最坏的情况。他经常说：“你应该……”，“你不能……”，“你应该再努力些”，“你应该负起责任”，等等。易怒的他总是压制内在小孩的天性，忽视他的感受；他不让孩子自由地玩耍，让他保持严肃，凡事一定要“做对”；他自己也过于严肃，无论什么事都要挑错，总是觉得自己什么都知道。

想象一下，如果“内在批评者”消失了，我们会是什么样子。一开始，你可能会觉得一身轻松，因为“内在批评者”让你觉得又紧张又沉重，总是忧心忡忡。然而，过了一段时间之后，如果生活中没有了“内在批评者”，你会感到十分不安。如果没有人管着我们，没有人要我们尽力而为，没有人督促我们不断努力，为我们设定限度，这样的生活会是什么样子？

“内在批评者”也需要理解。和我们的各种内在形象一样，他也需要一定的空间。他保护着我们，这一作用也很重要。

丘吉尔曾说：“批评也许令人不快，但却是必需的。它就像人体的疼痛，是身体有恙的信号。”[43]

“内在批评者”是如何产生的？我们在三岁左右就有了视觉的记忆，它从那时起就逐渐产生了。想象小时候有一天，你在邻居的院子里玩了一下午。回家之后，妈妈看到你全身脏兮兮的，于是一阵大骂。第二天，你一看到那片院子，就想起昨天妈妈骂你的样子，于是一个内在的声音产生了："你今天小心点儿，要不妈妈又该对你发脾气了。"这个例子清楚地告诉我们，"内在批评者"的作用就是保护我们，让我们不受痛苦。

然而，如果"内在批评者"的力量过于强大，他就会伤害人的自尊心。如果它太强大了，就会认为我们生来就是个错误，愚蠢不堪，满是缺陷。过于强大的"内在批评者"，会让内在小孩充满羞耻感，这种羞耻感会让我们恐惧，害怕别人看穿我们的外表，看到我们的缺点。

内在小孩害怕犯错，因为这对她就意味着拒绝。一旦被拒绝，就可能被遗弃，这是一种巨大的危险。内在小孩认为，无论她做什么，"内在批评者"都觉得她做不好。内在小孩感到绝望，于是说："不管我做什么，你都不喜欢我。""不管我做什么，你都觉得不对。""让我一边儿待着吧。我不想你待在我身边。你只会让我觉得不舒服。"我们的内在小孩希望人们能看到她，接纳她，爱她本来的样子。

也许，你父母中的一方或者双方心里的"内在批评者"也很强大。这样一来，从概率的角度上讲，这种批评的声音基本上会在你的心里重现。注意一下自己对自己说过的话，也许和父母曾经对你说过的话一样："你太差了。""我为你牺牲了这么多。""你怎么能这么对我？""你不可能有啥出息。""你太自私了。""你就是个傻瓜。"

意识到这一切，我们就找到了出口。如果你觉得对待自己的方式不公平，那就有可能实现改变。我们首先要经常观察"内在批评者"，然后对自己说："我一直在重复爸爸 / 妈妈 / 对待我的方式。但现在我意识到了，我问自己，我到底想怎样对待自己？"这样，我们就不会被动地重复过去的经历，而是让意识帮我们做出选择。

练习：发现内在批评者

认真地将下列句子补充完整或回答问题，让“内在批评者”发出自己的声音。这一练习会让你清楚地认识自己的“内在批评者”。

自己身上我最不喜欢的部位是

____

____

我很难原谅自己的事情是

____

____

我在什么时候会觉得很沮丧

____

____

我应该更

____

____

我不该

____

____

我想在哪方面改变自己

____

____

我们总是要自己做出改变，改变自己本来的样子，这不是爱自己的表现；

我们总是给自己提出难以实现的期望，这不是爱自己的表现；学习一门技能的时候，我们总是要求自己一次做对，不准犯错，这不是爱自己的表现；我们总是拿别人的长处和自己的短处相比，好像自己的长相、机遇、运气都不如别人，这也不是爱的表现。

我们的痛苦大部分是自身造成的。评判自己的时候，我们十分严酷，毫不留情；如果犯了什么错误，我们总是毫不犹豫地羞辱自己。

我们处在低谷的时候，会奚落自己："你长得不好看，又没什么出息。"我们总是怀疑自己。在艰难的时刻，我们会觉得一切不幸都是因为自己。"内在批评者"会让我们失去希望："我早就知道自己做不到。"而"内在批评者"会这样回应："如果你之前听我的话，你就不会失败了。"这会让我们充满负罪感，失去动力。荣格曾经说过："羞耻感是一种吞噬灵魂的情绪。"

如果我们小时候就感觉自己一无是处，不招人爱，成年之后，就会不自觉地用各种方式惩罚自己，不让自己快乐、幸福。

如果我们感觉自己一无是处，不招人爱，也许就会让别人敬而远之。我们心里会想："他们怎么可能喜欢我这样的人呢？"如果我们觉得自己一无是

处，就很难接受别人的爱。我们会觉得有负罪感，总认为自己不值得别人这么关心。好像这份关心不属于自己，如果接受它，我们在无意识中会感觉非常沉重。幸福来敲门的时候，我们就想方设法将其拒之门外。

如果忽视自己

小琴的父母对她弟弟十分宠爱。他们老早就想要一个儿子，生她的时候，看到是个女孩，还感觉有些失望。一年之后，他们终于生了个儿子，高兴得不得了。

小琴一直都觉得自己不受重视。她认为自己对父母是一种负担。“我说话一直都是细声细气的，很害羞。我觉得我这一辈子都在躲着他们，藏在我自己的世界里，不要让父母失望，反正他们开始就不想要我。”

小琴今年 34 岁，也有了自己的孩子。她的父母已经步入老年，和弟弟一起住在另一个城市。然而，直到现在，她还是经常看不起自己。她觉得自己的需求不重要，只要做个好妻子、好妈妈、好女儿就行了。她只顾做自己“应该”做的事。她经常会怕老公不满意，怕他离开自己。她对自己没什么信心，凡事都要老公和朋友来帮她决定。其他人找她帮忙的时候，她总觉得很难拒绝，害怕让别人失望。

小琴对待自己内在小孩的方式，就是父母对待她的方式。如果她意识不到这一点，就会一直痛苦下去。她没有善待自己的内在小孩，所以这个孩子会感到怨恨、压抑。她没有关注自己的需求，害怕别人认为这么做是自私。她经常对自己说：“按别人的期望去做。”“你得不到你想要的东西，就认命吧。”“如果你不服的话，那就只有孤身一人了。”

> 做自己，将你所做的和他人分享，才能为别人带来快乐。
>
> 如果你只是想取悦别人，那永远也不会满足。
>
> ——拉希德·欧格拉鲁[44]（Rasheed Ogunlaru）

放纵过度

有时候我们对自己太严苛，总说自己没有做到最好。有时候我们又对自己太放纵，暴饮暴食，酣睡不起，疯狂购物，想尽方法要摆脱不适的状态。太过放纵，忽视自己的需求，有多种表现形式，例如经常吃垃圾食品，不爱锻炼，不和家人、朋友联系，沉迷于电视、网络，等等。放纵过度，也是一种照顾不好自己的表现。我们的内在小孩会觉得不受重视，于是一心寻求感官的刺激。过度的放纵不会让我们快乐，只会带来更多的痛苦。

爱自己，就要抑制自己过度的冲动，不要做损害自己幸福的事情。

适度才是幸福的关键。西班牙有句谚语："好东西要适量使用，这样它的作用会加倍。"[45]

有时候，我们没有把注意力放在自己身上，不关注自己的感受和需求。这也是错待自己的一种方式。小时候比较沉默、孤僻的人尤其如此。他们感觉不到关爱，没地方诉说自己的感受。没有人看到他们身上的价值，于是他们自己也不会重视自身的感受和需求。他们把别人摆在首位，而把自己摆在末位。他们可能没有意识到这一点，当初没有从父母那里得到的，他们现在也不会给予自己。

练习：发现自己的放纵行为

回答下列问题，答案要尽量具体。

我在什么时候对自己过度放纵/太过宽松？

____

____

我在什么时候忽视了自己的需求？

如果我们一直错待自己，童年时的伤痛就会重现。我们会在内在世界中复制出童年时的情绪环境，而自己却毫不自知。

如果意识到如何不爱自己，我们就有可能和自己建立新的关系，一种尊重、关爱的关系。

我们只有改变对待自己的方式，才能疗愈内在小孩。

练习：朝着正确的方向进步

有哪些东西是你要求父母/爱人/朋友/孩子给你，而你却没有给自己的？

父母__________

爱人__________

朋友__________

孩子__________

无论你所爱的人有没有把这些东西给你，都请把它们送给你自己。如果你能对自己更有爱，别人也就会更爱你。对他们来说，爱你变得更加轻松。

上瘾

如果几天喝不到水，你会渴得难受。最后实在忍不住，连脏水也一样喝。

我们的内在小孩也是一样。如果我们不关注她的需求，她就会变得非常冲动，拼命寻找快速的解决办法，来摆脱这种孤独的状态。只要能从这种痛苦中解脱，做什么都可以，就算会伤害自己，也在所不惜。很多上瘾的习惯就是这样形成的。内在小孩的孤独和压力就像一桶水，如果里面的水太多，就会溢出来。溢出来的水很快会找到自己的流向。

内在小孩如果陷入绝望，就不会管自己的做法是否合乎道德，是否有益健康。凡事一旦上瘾，就不是有意识的选择，而是一种疯狂的冲动，只是为了缓解痛苦。不适的感受积累得太多，形成了巨大的压力。要释放这样的压力，无意识头脑就会做出紧急反应，这就是上瘾的开端。换句话说，冲动的行为一般都来自积累已久的情绪。

我们之所以会对一些东西上瘾，是因为内在小孩想要尽力填补过去的空虚。暴饮暴食，沉迷于赌博、烟酒，纵欲过度，放不下手机，拼命寻求认可，陷入理不清的关系……这些都是填补空虚的方式。上瘾的时候，我们就可以逃离现实。只要它能够麻醉自己，我们就会不断重复。明明知道这样做不对，但还是无法停止，从此陷入恶性循环。我们一边责怪自己，一边又难以放下。“我到底在做什么？”“我还是不够好。”为了摆脱内疚和悔恨，我们一次又一次地深陷其中，难以停下这种恶性循环……

我们经常会发现，人有时会上瘾，其实是因为“内在批评者”的声音太强，让人压力过大，于是想找个出口。只要对某件事情上瘾，就可以压抑这些急迫的念头。我们沉迷于这些癖好之中，头脑似乎飘到了地狱的边缘。一旦结束这种癖好，“内在批评者”又会再次发声：“你又在放纵自己了！”“你个没出息、不要脸的傻瓜！”“我说的话你从来都不听！”“我比你清楚。”恶性循环又开始了。

我们心里的“瘾”会让人不断放纵，用各种各样的理由引诱我们：“我这么辛苦，放松一下也是应该的。”“不然的话，生活就太乏味了。”“人生苦短，终有一死，不如及时享乐。”“我没有上瘾，我随时都可以停下来。”

我们首先要承认自己的“瘾”，才能开始疗愈的过程。在真正疗愈之前，我们还会无数次地摔倒。在这之后，我们才能寻求专业的帮助，或是在面临同样问题的人所组成的团体里获得支持。在下一个阶段，我们会面对自己内心的搏斗，极力避免掉入过去的循环。时间一长，我们会感到焦虑，想要退缩，忍不住要再次放纵自己。这时我们要寻求专业的支持，找一位充满关爱的导师监督我们，在我们摔倒时给我们提供支持。他必须了解整个过程，知道如何摆脱瘾性，恢复对自我的控制力。

如果看到内在小孩想要逃脱，再次陷入固有的模式，我们就要带着关爱，坚定地告诉她：“不要这样，你现在不用再这样了。”如此我们就为内在小孩设定了适当的限度，这是一种爱的表现，也是必要的做法。只有这样，我们才能恢复正常。每一次，我们都要鼓起勇气，向前走出一小步，渐渐离开自己的舒适区。

要实现疗愈，我们就得停下来，倾听自己内心的声音。那也许是个悲伤的、孤独的孩子，哭泣着说：“请爱我吧。”

我们要看到瘾性背后的痛苦和孤独，用敞开的心扉将它转化。

练习：连接欲望背后真正的需要

欲望产生的时候，在内心全然地关注它。感受内在放纵的冲动，不要因这种欲望而责怪自己。尽量带着关爱去做这个练习，并注意自己的各种念头：“天哪，我真不该这样。”“就一次，拜托了，就一次。”“没关系，反正大家都这样。”“我这样，也是为了能把事情办好。”要知道，这些只不过是用来伪装的借口。我们不要伪装，闭上眼睛，轻轻地打量自己的身体。这种欲望体现在身体的什么部位？找到之后，把手放在那里，深呼吸，保持专注。让自己全然地体会这种欲望。如果感受不到，就把它想象成有颜色有形状的物体。

它会是什么颜色，什么形状的呢？伪装的冲动后面，是一种让人难受的空虚，我们要带着关爱和它连接。你可以和这种欲望对话："不，我们不用再这样了。那会让我们痛苦。不舒服的背后，真正的需要是什么？是关注、支持、保护，还是休息、玩耍？我们还能做些什么，让自己感受爱，感受健康？"深呼吸，将气息送到那个部位，让它变得柔软。通过嘴巴呼气，让那种感觉顺着气息排出体外。无论什么时候，只要感到上瘾，就可以做这个练习。这样，我们就可以逐渐放下自己的欲望，带着关爱，和背后真正的需要相连接。

第十二章

如何爱自己

（CD-4 **我要你知道我的存在**）

我要你知道我的存在。我住在你的心里。有时候我会出现在你的脑海里，

有时候我会藏在你背后，或是睡在你的肚子里。

我要你爱我本来的样子。我要你等我，等到我从洞里出来的那一天。

我在那个洞里捱过了童年的艰辛，我走出来，看见你的时候，

我要你对我说："你并不孤单。我爱你。"爱我本来的样子。

你会不顾我的感受，继续生活下去吗？我希望不会那样，因为那样的生活很孤单。

我需要你的关注，你的倾听。

我是不是让你觉得丢脸？我是不是不够好？是不是不够聪明？我是

不是不漂亮？我要你看到我最好的一面。我要你看到我真正的样子，而不是你认为的那样。

我要你接纳我，用善意的眼光看我。

不要当我不存在，不要淹没我的心声，不要这样压制我。我不喜欢你这样颐指气使，好像高人一等。你的批评，只会伤害我的信心。

你可不可以支持我，关心我？可不可以告诉我，我对你很重要？当我迷失的时候，你可不可以为我指引方向？当我遇到危险的时候，你可不可以保护我？当我害怕、发抖的时候，你可不可以抱着我？我想玩的时候，你可不可以让我尽情地玩？

我一直在等你，等了太久太久。我需要你的关注，你的倾听，你的爱。我希望你能弥补我失去的童年。我希望自己对你很重要。

——你的内在小孩

在前一章，我们了解了很多人错待自己的方式。当你没有善待自己时，一定要对自己的行为有所意识，这是转化过程中最重要的一步。在本章中，我们会再进一步，具体地谈谈爱自己的方式。我们可能听过这样的话："你必须爱自己。""你应该接纳自己，原谅自己。"但这些话听起来就像命令，一旦自己落入过去的循环，就会产生负罪感。那么，我们应该如何真正地接纳自己、原谅自己呢？怎么真正地尊重自己、善待自己呢？内在小孩给了我们一把打开自尊之门的钥匙，只要我们考虑内在小孩的需求，就会知道，如何真正地爱自己、关心自己、珍惜自己。

我怎么处理好和自己的关系呢？乍一看来，这个问题似乎有些矛盾。

在任何一段关系中，我们至少需要两个人，只有一个人怎么行呢！但事实是，我们每时每刻都在互动，就算是独处的时候，也在和自己互动。在和自己的关系中，成年的部分和内在小孩就是关系中的两方，他们随时随地都在互动。我们活得是否快乐，很大程度上取决于内在成人和内在小孩的关系。

内在成人的参与

内在成人是我们理性和逻辑的一面，他负责思考、行动；内在小孩则与感觉、感受、体验有关。内在成人大致相当于“思考的自我”，而内在小孩则相当于“情绪的自我”。只有将理性与感性、直觉与决定、大脑与心、头脑与灵魂相结合，我们才能真正地爱自己、珍惜自己、尊重自己。

事实上，人类大脑的结构也反映了人格的两个方面。左脑代表内在成人的作用，而右脑代表内在小孩的作用。左脑负责逻辑思考、语言、计划、判断、计算等能力，以线性的方式，按照顺序处理问题，并在我们和世界之间划出界限；右脑专注于当下的体验，把画面作为符号性的语言，它是创造力和直觉的源泉。它喜欢体会统一、合一的感受，它通过各种感官来了解世界，并处理情绪的表达。

人格中的两方面经常陷入对立的状态，仿佛在进行权力的斗争。我们经常陷入两难的情况：自己一方面想要这样，另一方面又想要那样。这种内在的斗争耗掉了不少能量，我们因此付出了许多代价：紧张、内疚、自尊心受挫，我们伤害自己、惩罚自己，心里满是深深的挫败感。

左脑与右脑——内在成人与内在小孩是相辅相成的关系。内在成人如果了解自己和内在小孩密不可分的关系，并接纳、尊重、重视他们之间的差异，就能获得和谐、互助的体验。

我们的教育注重培养理性的能力，对直觉和感受则毫不重视。这是一种极度不平衡的状态。我们注重左脑的开发，但不重视右脑的刺激。很多人生活中的压力和苦难，正是体现了这种不平衡。如果这种状态得不到改变，我们情绪的自我永远无法成长。

幸运的是，在过去几十年中，我们教育中的这种不平衡有了一定的改变，这要归功于许多记者、心理学家、教育工作者的努力。一些先进的学校开始推行综合教育的方式，既注重理性和逻辑思考能力的培养，也关注创造力和情商的开发。

漫不经心的内在成人

在上一章中我们讲到，主要的照顾者对待我们的方式会被我们内化，变成自己对待自己的方式。内在成人并不是在我们十八岁时突然产生的，而是在我们很小的时候就形成了。我们的内在成人和自己的父母很相似，他也会控制我们的冲动、反应，限制我们的行为，为我们提供指引，就像父母做的那样。如果父母大多数时候对儿女十分尊重、耐心、充满感情和关爱，那我们自己也会以同样的方式对待自己。然而，如果父母经常否定儿女的价值，对他们毫不重视，大加批评，或是过于控制，提出不切实际的要求，那我们就会用同样的负面态度对待自己。我们给了自己太多压力，总是逼自己做这做那，并对此习以为常。我们学会了压制内在小孩的心声，每次犯了错误，都毫不留情地批评自己。我们在内心羞辱自己，贬低自己，但自己却不知道，别人也看不出来。

我们漫不经心地对待自己，让这些不健康的习惯渐渐加深。除非意识到对待自己的方式，否则我们就会不断地重复过去的模式。这种毫无益处的态度和模式由来已久，代代相传，我们如果不去改变，就只会带来不必要的痛苦。我们只要看清自己和自己的关系，就能以与父母不同的方式对待自己，并将内在小孩期待已久的爱、认可和尊重带给她。这样一来，我们就能像好爸爸好妈妈一样，关爱自己的内在小孩。

我们要爱自己，就要让一位充满关爱的内在成人照顾内在小孩。他会考虑这个孩子的需求，关心她、保护她。但我们如果不了解自己对待自己的方式，就会自动重复父母对待我们的方式。如果当时这种方式并无帮助，现在我们有其他选择。我们可以用和父母不同的方式对待自己，实现自己灵魂的渴望。

小时候的我们尚未独立，还需要依靠他人。那时，我们非常无助，没有太多的选择，一切都只能靠家人给予。如果得不到想要的东西，我们最多只会哭泣，或是发脾气。但如果这样还是没有效果，我们就只有忍受现状，让自己陷入麻木的状态，远离痛苦的感受。现在，我们长大了，周围的一切都和原来不同，但内在小孩还是十分敏感，并需要他人的帮助。不过，我们现在还有一位内在成人。他可以做出决定，采取行动，为我们带来关爱，提供保护和引导。内在成人要关注内在的世界，拥抱内在小孩，这样我们才能疗愈自己的心，并让她慢慢打开。

培养充满关爱的内在成人

我们要渐渐养成善待自己的习惯。我们要像自己的爸爸妈妈一样，不断关爱自己，这是一个长期的、贯穿整个人生的过程，也是一种不断学习的经历。我们要花很长时间，才能把对自己的恨化为对自己的爱，消除所有的误解，使我们对自己的认识不断净化，远离一切疑惑，看到自己可爱的本质。很多年来，我们一直觉得自己没有天赋，不够聪明，长得也不好看，身上满是缺点，总是不够好。即使找到内在小孩并对她说："你很可爱，现在我来陪你。"但如果没有天天陪伴着内在小孩，也是不够的。我们要做出实际行动，显示自己对她的关心。我们可以尽量真实地对待内在小孩。开始的时候，我们可以对她说："我正在学习用正确的方式对待你，我正在学习如何来尊重你、珍惜你。给我一些时间，对我耐心些。我有时会忽视你的声音，有时会陷入过去的模式，忘记了你的存在，请你原谅我。我正在学习如何更好地爱你。"

内在小孩不只是消除负担、疗愈伤痛的工具，她也是一种尊重自己的方式。在生活中，我们有时爱自己，有时不爱自己；有时尊重自己，有时不尊重自己；有时支持自己，有时又对自己十分苛刻；有时对自己充满感情，有时又对自己十分残酷。很多年之后，我们才能学会照顾自己，将成长过程中有害的因素加以转化。在当下的生活中，我们要给内在小孩一定的空间。假以时日，我们对自己的尊重就会变成实际行动，而不仅是口头的承诺。

总是要别人接纳自己，这是一种情绪上不成熟的表现；总是渴望得到他人的认可，而自己却不认可自己，是不负责任的行为；总是要别人帮助自己，而自己却不鼓励自己，这样的做法更为荒唐。尽管如此，我们还是不断地这样做，直到某一天才会意识到，这是一次永无休止的追寻，而且并不会有什么结果。这是一种童年时期形成的趋向。当我们还是襁褓中的婴儿时，我们就希望获得照顾者的认可和接纳。那时，我们还无法通过自己的能力得到这一切。但现在我们已经成年，就需要观察自己的内在世界，发现自己的本质、天赋，以及无限的潜力。

经过不断的练习，我们内在成年的部分就会像爸爸妈妈那样，关心自己，照顾自己。父母的爱就像两只翅膀。正如美国心理学家弗洛姆（Erich Fromm）在《爱的艺术》（*The Art of Love*）一书中说的那样[46]：

> 母爱从来都是无条件的，妈妈爱她的孩子，这是天性，并不是因为孩子满足某种条件，达到某种要求。我在此处提到的“父爱”和“母爱”，是指一种爱的原则，而并非专指父亲和母亲。某个人可能具备母爱的特质，也可能具备父爱的特质……
>
> ……父爱是有条件的爱。它的原则是：“我爱你，是因为你达到了我的期望，为自己负责，或是因为你和我非常相似……”
>
> ……母亲给生活带来了安全感，父亲则为我们提供了教导和指引，让我们学会处理周围环境中的各种困难……
>
> ……一个成熟的人，最终会像他自己的父母一样，照顾好自己。他既有母爱之心，也有父爱之心。母爱之心说道：“你没有什么错，无论你犯下什么过错，都不会失去我的爱，我会永远祝你幸福。”而父爱之心说道：“你做错了。你做错了事情，就要承担后果。你必须做出改变，否则我就不会爱你。”对于一个成熟的人来说，真正的父母不会对他造成影响，因为他有一对“内在的父母”。内在的父母和实际生活中的父母

并不一样，而是基于自己的爱形成的一种“母爱之心”，以及基于自己的理性和判断形成的“父爱之心”。父爱和母爱看似矛盾，但如果一个人真正成熟，那么无论是父爱还是母爱之心，都可以化为他对自己的爱。如果他只保留父爱之心，就会变得严酷无情；如果他只有母爱之心，就会失去判断力，影响自己和他人的成长。

练习：对待你的内在小孩

关心自己的内在小孩，可以让生活更快乐，这种关心可以在很多细节中体现出来，例如：

好好享受一次按摩

洗个泡泡浴

在桌上放一株鲜花

去大自然中走走

用毯子把自己裹得舒舒服服的

你这个月打算怎么关心内在小孩？

____

____

用父爱和母爱对待自己

许多人心底里仍有这样的期望：总有一天父母会给他们那些从小渴求的认可、赞许、关爱。的确，小的时候我们尚未独立，一切都要依靠父母。但现在我们长大了，我们可以靠自己的能力满足这些渴望。要实现个人成长，我们就要从对父母的依赖情绪中解放出来，不必再给他们压力，硬要他们满足我们的渴望。我们要以成人的方式爱他们，尊重他们，并为自己负起责任，用与父母不同的方式对待自己。如果我们在心灵成长的过程中少了这一步，身上的一部分就会一直停留在孩子的状态，不停地责备他人，逃避自己本该负起的责任——认可自己，认识自己的价值。

我们不要再把希望寄托在别人身上；不要再浪费宝贵的时间，把自己的痛苦归咎于别人；不要再把过去当作借口，一直扮演受害者的角色。为自己的内在小孩负起责任，就是做一位关爱自己的父亲／母亲。不过，这并不是说我们要过分地独立，把自己孤立起来。我们都需要其他人的关心。人们可以倾听我们的心声，为我们提供帮助、教导、启发、指引。如果我们每个人都有一位导师，一位个人教练或是咨询师，那一定会受益良多。他们有过个人成长的经历，对自己做过工作，并接受过专业训练，可以为他人在追求幸福生活的道路上提供支持。我们都需要别人的帮助。活在这个世界上，就意味着互相依靠。我们脆弱的时候，也许会从妻子／丈夫或好朋友那里得到安慰，让自己像孩子一样接受他们的关爱。被自己信任的人抱着，这对内在小孩有舒缓和疗愈的作用。不过，得到别人的支持，并不意味着可以让他们处理我们的情绪。我们可以带着感激，接受别人的帮助，但同时为自己负起责任。事实上，我们若不自助，他人的帮助也不会持久。无论别人对我们爱得有多深，都不可能帮我们走个人成长的道路。学习、发展、努力，都需要我们自己一步步地完成，而别人无能为力。对自己负责，就是每时每刻都善待自己。帮助自己的人，也会引来他人的帮助；关爱自己的人，也会引来他人的关爱。这样，我们就能变得更好相处。

只有和内在小孩整合，我们才能发挥自己最宝贵的才能。内在小孩就像一扇大门，打开这扇门，我们会通向各种美好的品质：情绪的连接、热情、好奇心、温柔、同情心、直觉、天性、兴奋、激情、活力、想象力、创造力……如果内在成人束缚了内在小孩，或是忽视她的需求，这些品质都将不复存在，而我们也将失去情绪的连接。我们会变得冷漠无情、精于算计；我们不再拥有敏锐的直觉，生活将一片灰暗。我们梦想着能有一段爱情，逃离这灰暗的生活。坠入爱河的我们，又将自己的心扉敞开，又唱又跳，大声欢笑。我们的天性和激情又恢复了。不过，我们这时仍然是依靠他人，所以，这种打开的状态不会长久。我们迟早会回到原来的状态，心门将再次关闭。不过，如果我们心中有一位“内在成人”，我们的心就会像花一样绽放，因为这时，我们爱上的是“生命”本身。

用内在成人的身份关心自己，就是做自己的父母。母爱是无条件的，无论是父亲还是母亲，男性或是女性，身上都可能有母爱的气质。内在小孩需要陪伴，确保自己不会被抛弃；她得到的认可和重视，都是因为她本来的样子，而不是因为达到了别人的要求。母爱说：“我陪着你，我保证你吃饱穿暖。你在我心中是最重要的。你不用做什么，我爱你本来的样子。我对你的爱永远不变。如果你觉得难过、担心，我会抱着你。如果你的心门关闭了，什么时候打开都可以。我会一直在这儿等着你。你可以相信我，我看到你的时候，你总是会觉得自豪。”

父爱，就是让孩子展现出最好的一面。这种品质既可以来自于父亲，也可以来自于母亲。父爱指引着我们，为我们提供保护，他为我们做出决定，也对我们提出期望。他鼓励着我们，同时又向我们提出挑战，让我们不断得到锻炼。父爱说："你要成功。我相信你。我知道，你可以做得更好。你拥有宝贵的品质，要将它们发挥出来。工作时一定要投入，让自己获得提升。该工作的时候就工作，该玩的时候就玩。"母爱给人带来滋养，而父爱让人得到保护。内在小孩受到欺负时，他会挺身而出，不会让小孩受到伤害。如果有人不尊重你，他便会出来阻止。

父爱中很重要的一点，就是为我们指引方向。内在小孩想睡一天觉，或者上一天网，这时，内在的父亲就会提出指正；内在小孩吃得太多，内在的父亲就会为她设定健康的限度；内在小孩想要打那个侮辱你的人，父爱就会阻止你，不让你陷入暴力的行为。

内在小孩需要参照，也需要限度。她有时候会十分冲动，而内在的父亲就需要加以限制。如果我们能有意识地控制自己的行为，我们就能在事情发生之后找到合适的方式，将情绪宣泄出来。例如小娜上班的时候，老板让她很不舒服。她的内在小孩觉得自己受到了不公的对待，她心想，干脆一走了之。但她的内在成人明白，如果听任自己的冲动，她会把事情弄糟。所以她压制了自己的情绪。但她是有意识地压制情绪，所以，晚上在健身房锻炼的时候，她就跳进泳池，拼命地游泳，把所有对老板的愤怒发泄了出来。

练习：调整内在小孩的需求

在任何时候，特别是感觉不舒服的时候，我们可以用下面的问题来调节内在小孩的需求：

内在小孩现在需要什么，才能感受到我的爱？

在现在的情况下，我对内在小孩怎么做，才能让她感觉到爱?

了解并认识自己每个时刻的深层需求，会让我们体会到一种关心，一种体贴。我们要养成善待自己的习惯，带着尊重和关爱对待自己。下一步，我们就要在合适的时候满足这些需求。我们成人的一面有能力做到这一点。

内在小孩也需要限度

孩子如果缺乏适当的限制，就会充满戾气，难以管束。同样地，没有了内在成人的管束，人就会变成欲望的奴隶。他们会放纵自己，肆意发泄情绪，造成一片混乱。他们难以抑制自己的冲动，如果自己的欲望没有立即得到满足，他们就无法忍受。他们觉得，只有及时行乐，人才会更快乐。但他们以后会明白：事实正好与之相反。快乐并非来自于放纵的生活，而是来自于有意义的生活。

如果父母设定的限制太多，孩子就会感到压抑和不安。同样地，如果内在成人对小孩过于控制，就会让她变得僵化、麻木。他们会失去天性，也没有了冒险的机会。生活从此变得了无生趣，一片灰暗。

内在成人要为情绪的自我设定清晰的限度。有时候，我们为了实现更有意义的目标，需要暂时压抑自己的冲动；有时候，我们则不必限制内在小孩。有些时候我们需要遵守规则，有些时候则可以发挥自己的天性和创造力，自由自在地玩耍。

压抑自己的情绪，和表达情绪一样重要。它们就像生命舞蹈中的两组动作，相辅相成。内在小孩需要内在成人的帮助，因为后者更有经验，可以成为小孩的向导、导师、老师或是教练，像朋友一样和她相处。

内在成人会设定健康的限度。他会帮助情绪的自我以正确的方式表达。正如前面所说，爱自己，做自己的父母，是一个长期的过程，贯穿人的一生，也是不断学习的过程。

孩子们有时不愿遵守纪律，而成人则知道：不以规矩，不能成方圆。孩子要明白：他们不能随心所欲，毫无限度地追求快乐。有时候，我们要用坚定的方式阻止孩子的行为。坚定地说“不”，就是一种父爱的表现。既坚定，而又不失尊重；既清晰，又不咄咄逼人，这才是我们应有的态度。一位好的领导，即使面无怒色，也不失威严，显示出坚定不移的态度。设定了限度之后，在任何情况下都要保持一致。女儿想摸一下客厅里的插线板，妈妈批评了她。过了一会儿，妈妈发现女儿又在摸卧室里的插线板，同时关注着妈妈的反应。这时，妈妈要再次说“不”，女儿才会觉得安全。设定了合理的限度之后，不要随意更改，这样才能让孩子觉得安心。如果缺乏限度，孩子就觉得自己不受关注，失去了保护。

无论是克服坏习惯，还是养成好习惯，我们都要做到清晰而严格。几百年来，纪律总是意味着惩罚和不尊重，所以一说到纪律，总是会让人不太舒服。不过，适当的纪律是十分必要的，因为它能使生活更有意义。任何实现个人成长的人，都不会对纪律感到陌生。

保护内在小孩

成年人有责任保护内在小孩。如果有人对我们不断地侵犯，我们就需要保护内在小孩。小华的丈夫经常对她大喊大叫。一旦她什么事情没做对，丈夫就会这样对她。每到这个时候，小华的内在小孩都会感到收缩，她保持沉默，不去感受自己的情绪。她小的时候，爸爸也经常对她大吼大叫。她对这种事情并不陌生。这是她人生模式的一部分。但她并没有保护好自己的限度，每次丈夫对她大吼之后，她都觉得和他越来越疏远，心里的恨意也不断加深。

小芳在公司担任经理的职务，但在家里却经常受到妈妈的批评。每次妈妈对她发火，她都很不舒服。但她也毫不示弱，和妈妈大吵起来，还说了些过头的话。之后，她又觉得非常后悔，觉得自己不该说那些话。

在这两个例子中，她们情绪的创伤都受到了刺激，让她们觉得自己不被理解，也很受伤。内在小孩需要保护。每一次的事件都不相同，处理的办法也不同。一般来说，我们需要坚持自己的限度，明确自己的立场。内在成人要为内在小孩出声。也许我们会觉得害羞，或是不安，但这种坚定会让我们成长。每次遇到麻烦，我们都可以挺身而出，为内在小孩出声。每一次都会比上一次更加容易。坚持这样做下去，我们的自信心就会不断增强。

我们要注意一点：如果我们设定了明确的限度，并对此非常坚定，周围的人可能并不愿意看到这种变化。比如，小蓉在学校里当老师，下班回家之后，她还得做饭、打扫房间、照顾女儿。她做家务的时候，丈夫就只顾看电视、上网，或是和朋友打麻将。每到这个时候，小蓉的内在小孩就觉得很生气，很孤单。后来，小蓉参加了一次个人成长课程。回家之后，她鼓足勇气，向丈夫提出了自己的要求，让他理解自己，并和自己一起承担家务。她说这些话的时候，语气很明确，但又不失尊重。她知道，老是批评和抱怨，并不能得到对方的理解。丈夫听到这些话，感觉有些惊讶，心里也不太舒服。他习惯了原来的生活，不愿看到妻子的改变。不过，小蓉心里明白，她要站出来，坚定地保护自己的内在小孩。另外，为了让全家幸福，她必须让自己快乐。她知道，自己的内在小孩也需要照顾，她要捍卫内在小孩的诉求。就算是为了得到对方的爱，她也不需要牺牲自己。经过一段时间的抗拒之后，丈夫开始配合妻子的变化，毕竟他也不想让这种局面僵持下去。虽然他嘴上从没说过，但心里还是觉得，自己以前太自私了。于是，他开始买菜做饭，辅导女儿的功课。这些变化让小蓉的内在小孩很高兴，自尊心也增强了。看到她的变化，丈夫也很高兴，对妻子更加珍惜了。我们如果尊重自己，就更能赢得别人的尊重。

不要想着让别人来猜测自己的需求，也不要觉得他们能满足这些需求。这些都是不负责任的表现，也并不现实。

满足自己的需求，是我们自己的工作。

为自己考虑，并不意味着自私。我们只是要把自己摆在同等的地位：我关心你，也关心自己；和你在一起，并不意味着要失去自我；“你”和“我”加在一起，就成了“我们”。我照顾好自己，也会让你更轻松。这样，你就不必费尽心思让我开心。如果我照顾好自己，和你在一起时，我就会传递出更轻松的振动。我和别人相处时，也会让他们感觉更轻松。除了我自己之外，没有人可以梳理我的感受。别人可以和我一起做，但不能代替我完成。如果一个男人不去观察自己的内心，不去寻找内在小孩，他就会让女人来照顾自己的内在小孩，而自己在情绪上则非常幼稚。寻找伴侣时，他在潜意识中会期待类似妈妈的角色，并对她过于依赖。如果一个女人不培养坚定的品质，不寻找自己的力量，她就会找一个类似爸爸的角色，把责任推到他身上，对他过分依赖。

在日常生活中，我们有时需要做出决定：关心自己，还是关心别人？这两者之间的差别十分微妙。爸爸做完了一天的工作，拖着疲惫的身躯回到家。吃完晚饭之后，他想小睡一会儿。他一走进房间，正好儿子也在里面。儿子看到爸爸，非常高兴，想和爸爸玩一会儿。这时，爸爸心想："应该怎么办呢？"在关心自己和关心别人之间找到平衡，是一门生活的艺术，值得我们每个人学习。

关心自己和关心他人并不是对立的两个方面。事实上，它们之间是互相依存的关系。不关心自己的人，对别人的关心也不会持久；人们如果忽视了自己的内在小孩，就很容易觉得疲惫、空虚。

对自己真正有益的，也会让他人受益。

如果我们不能爱别人，也就无法爱自己。如果我们恨自己，这种恨就会在关系中显露出来。别人身上我们无法接纳的地方，如果发生在自己身上，我们也无法接受。我们的一切品质、行为、能力、优势、缺点、误解，都会在他人身上反映出来。

自私本身并没有错。自私的本质其实是对自己的爱。它的错误或是局限之处，在于对他人的排斥。如果我们关心自己的同时，也关心其他人，那这绝不是自私。要想知道自己在个人成长之路上是否有进步，就要看自己爱别人的程度，以及成为激励别人榜样的程度。我们如果能全然地接纳自己、原谅自己，那我们对别人的爱就能持久。有时候，我们要把自己放在第一位，但也不能对自我过于执着。如果我们所有的考虑都是以自我为中心，那就说明我们对自我很执着。对自我执着的人，嘴边总是挂着"我""我的"这样的词：我的关系、我的梦、我的目标、我的情绪、我的需求、我的担忧、我的问题……要从对自我的执着中解脱出来，最有效的办法就是为他人服务。另外，一个人当上爸爸 / 妈妈之后，以自我为中心的状态也会有所改变。关心自己的同时，也关心别人，这有益于自身的成长；对自己过于执着，则会让自己受到伤害。

这里所说的内容，需要我们用一生去学习。和学习其他的东西一样，我们在尝试的过程中可能会犯错，但这也是重要的一步。有时候，我们会变得颐指气使，盛气凌人；有时候，我们又会从情绪中抽离出来，或是讨好别人，却不愿说出内在小孩的真实需求。直到有一天，生活让我们无法忍受，我们才会被迫发掘自己内心的力量和自信。

内在的旅程很漫长，我们需要耐心和原谅。

遗忘、倔强或是反复无常，都是这段旅程的必经之路。

我们从每一段经历中都会学到很多。

要做好自己的父母，我们需要不断练习。只是告诉内在小孩，你爱她，这不够。除了感情之外，我们还要付诸行动。只有这样，我们的爱才会变成现实。每天陪着内在小孩，也是一种爱的表现。我们珍惜她，就要在她身上多花些时间和精力。这好比一个年轻人十分钟爱自己的摩托车，每过一段时间，他都会把自己的爱车仔仔细细地擦一遍，欣赏它，享受它。一旦出了问题，就马上把它修好。

内在成人负责处理外部的世界，即他为内在小孩在外部世界中采取行动。我们饿的时候，内在成人会让我们吃饱；我们累的时候，内在成人会让我们休息；我们牙疼的时候，内在成人会带我们看牙医；我们孤独的时候，内在成人就会陪着内在小孩，并和其他的朋友一起玩耍。

我们可以和哪些人分享自己的情绪？作为内在小孩的保护者，内在成人会做出决定。在有些人面前，我们最好不要暴露自己的情绪，因为他们可能习惯于评判和操纵，或是不会保护别人的隐私。有些人不愿意听别人分享，因为这样会让他们觉得不舒服。面对别人的时候，我们如果能将情绪全然打开，而不顾自己的脆弱，这是一种信任的行为，理应获得同样的尊重和关爱。

我们每个人都会经历重大的损失。在艰难的时刻，如果内在小孩能感到内在成人的存在，并体会到他的爱，她就不会孤独无助。我们会变得更坚强，勇敢地面对巨大的悲痛；我们会更懂得如何照顾自己。

我们的任何一种情绪，都会经过内在小孩。她是一切情绪的直接体验者。如果把情绪比作雨水，最先被淋湿的，一定是内在小孩。强烈的情绪产生的时候，就像巨大的波浪，将内在小孩淹没，让她全身颤抖。这时，充满关爱的内在成人乘船赶到，将内在小孩救起。内在成人和情绪有一段距离，所以他不会对情绪太过执着。要从情绪中学习，并以健康的方式体验情绪，我们就要和它保持适当的距离，不要太近，也不要太远。内在成人可以帮内在小孩一把，不让她迷失在情绪之中。此外，他还可以将事情的全部告诉内在小孩，让她消除心中的疑惑。

疗愈内在的分离

在我们所生活的世界中，大多数人对情绪不甚了解，也不知道如何处理情绪。在成长的过程中，没有人告诉我们，如何与自己保持亲密的关系，如何与情绪友好地相处，如何倾听情绪背后那重要的声音。于是，我们只好迅速逃离那些负面的情绪：不安、羞耻、伤痛……

内在成人会模仿实际生活中成年人的样子。而这些人自己也会受到爸爸妈妈、爷爷奶奶、老师、亲戚、邻居等人的影响。他们也会或多或少地学会麻木，否认自己的感受，假装平安无事，把难受的情绪都掩盖起来。他们不断努力，取得成功，受到别人的称赞，即使在艰难的时刻，也要保持“坚强”。“坚强”也就是将自己的情绪冰冻起来，用思考压抑感受。他们不愿表达情绪，因为人们觉得那是原始的、不文明的行为。他们竭力避开痛苦的感受，仿佛那是他们的敌人。

传统的教育方式，让内在成人和内在小孩的距离越来越远，彼此越来越不熟悉。我们的内在世界出现了分离——头脑和心的分离，思考和感受的分

离。我们为此付出了高昂的代价。这种分离让人感觉孤独、焦虑。一直以来，我们都活得很冷漠、很不安，但这已成为习惯，我们并不自知。要疗愈这种深层的孤独，我们就要培养充满关爱和理性的“内在成人”。他必须勇敢地面对内在小孩，而不是否定她。内在小孩希望得到承认和理解，希望别人能发现她，看到她的价值。内在成人让我们和内在小孩更加接近。这种亲近与和谐很大程度上决定了我们各种关系的质量。说到底，我们如果不能和自己平和地相处，就不能和他人平和地相处；我们如果不能和自己亲密，就不能和他人保持亲密的关系。和内在小孩的关系发生转化，我们外在的关系就会发生转化。和内在小孩亲近，我们就和自己所爱的人有亲密合一的感觉。把注意力放在内在小孩身上，我们就能放下关系中那些过高的期望。如果原谅内在小孩，我们对他人就更有同情心。

练习：让内在小孩尽情地玩耍

成年人总是过于严肃，因为他们背负了太多责任，心里十分忧虑。我们已经习惯了这种状态，认为游戏、玩耍都是孩子的事。然而，要爱内在小孩，就是要让生活过得有趣。我们可以拿起画笔，找些黏土，尽情地发挥自己的创意；或是看场喜剧，让自己开怀大笑；去之前没去过的地方走一走，或是在风景优美的地方骑单车，或是放上最喜欢的音乐，在家里跳个舞，或是尝试新的户外运动……你也可以不断创新，发现更有意思的活动。

直面对自己的恨意

小勇并不是不愿意接纳自己。然而，每天早上，他看到镜子里的自己，心里有说不出的滋味，总觉得自己不够好。和很多人一样，他对自己要求很苛刻：他要自己成为榜样、要有成就、要聪明、要受人欢迎、要有魅力……成功人士的形象无处不在：电视、电影、报纸、杂志、地铁广告，都有他们的身影。这种信息的轰炸，让小勇对自己越来越不满意。他想变得和那些成功人士一样，否则就无法接受自己。有时候，他觉得自己周身都是缺点，一点也不让人喜欢，只有把自己变成另一副样子，他才能接纳自己。他眼里只有自己的缺陷，对自己的能力视而不见。他给自己买了很多名牌衣服，让自己有了一点信心，但心里还是不甚满意。

爱自己，是一个日积月累的过程，不能一蹴而就。个人成长是一条循序渐进的路，但有时候也会出现跳跃式的进步。对小勇来说，他并没有因为对自己的不满而自责，而是接受了这种感觉，于是，他更能接纳自己了。这是成长过程中一次大的进步。为了达到这一步，他和自己的内在小孩连接，这对他帮助很大。他看着内在小孩无辜的眼神，仿佛期待他仁慈的关怀，这让他受到了很大触动。内在小孩会让人温柔的一面显露出来。有了这种温柔，我们就能爱自己、原谅自己。对自己的内在小孩，我们要用慈悲之心相待，这会给我们带来深层的转化。我们可以用成年人的角度去观察自己的童年，不再受制于小时候的批判和偏见。这样，我们对自己的感觉就会越来越好。

我们对自己的了解越全面、越深刻，就会越珍惜自己。每一位了解内在世界的上师都曾说过：我们要观察自己的内心，了解自己。也许你眼中只有自己的缺陷和不完美，但除此之外，你还有很多尚未开发的品质、能力以及天赋。你的本质，你的真我，是纯净无瑕的，闪着美丽的光。

对小勇来说，和内在小孩相连接，有助于培养自尊心，认识自我的价值。现在，他能用仁慈的眼光看待自己。他下定决心，要对自己好一些，多帮助自己。然而，不久之后，他又落入了原来的模式，坏习惯再次出现，内在小孩也被丢在一边，这让他非常痛苦。后来，他明白了，在这痛苦的背后，是一个得不到善待的内在小孩。这次，他面对自己的痛苦，不再把它当作敌人，而是把它看成内心的信号："请注意，在这一点上，你需要学习 / 做出调整 / 进行转化"。他知道，要实现真正的变化，就要不断探索自己的内在世界。每天上床之前，他都给自己十分钟时间，远离各种让人分心的事物：电视、电脑、手机……在这段难得的时间里，他仔细体会内在小孩一天的感受，反思今天对待自己的方式，不断提醒自己关注那些重要的方面。他回顾自己所学的内容，思考明天应该做出哪些调整。他的内在小孩得到了关注和照顾，感觉非常高兴。

有时候，小勇还是会忘记自己的内在小孩。毅力毕竟需要慢慢培养。我们要明白，遗忘是正常的现象。如果忘记了内在小孩，内在世界便会产生不安的情绪，这就是提醒我们重回正轨的信号。个人成长的道路并非一帆风顺，而是充满了曲折，所以我们要对自己有足够的耐心。人都是健忘的。我们经常会忘记那些对灵魂真正重要的东西。不过，如果我们能再次记起，就该重新开始练习，而不要责怪自己。

练习：内在小孩日记

每天用 5 ~ 10 分钟时间，写一篇个人成长的日记。

尽量坚持这个习惯。

月末的时候，带上这本日记，找个安静、舒服的地方，回顾一下这一个月的感受。这一步非常重要。在纸上写下结论：主要的发现有哪些；成长的过程中有哪些进步；哪些地方需要更多的关注……写好之后，每个星期读一遍，这是对自己的一种提醒和指导。

如果你能坚持写"内在小孩日记"，你会发现，自己的生活会出现积极的转化。如果有几天忘了写，也别担心。想起来的时候，重新开始就好。

- 日期：____________________

- 今天，我的心想告诉我

____

今天，我的心想告诉我

____

今天，我的心想告诉我

____

今天，我的心想告诉我

____

把这些句子补充完整。凭自己的直觉去写，不要想太多。先让自己的感受慢慢浮现，然后再下笔。这个练习会帮助你和内在小孩保持连接。内在小孩是个人成长的基础，也是一个好的开端。无论你从什么时候开始学习个人成长，都可以从内在小孩入手。内在小孩不仅代表你的童年，也代表着你做出情绪反应、产生冲动和直觉、天真无邪的那一部分。内在小孩是一把打开心门的钥匙。我可以向你保证，在你的心里，一定有许多你渴望已久的宝藏。

我今天观察到的模式/习惯是什么？能不能找到后面的刻录？

____

____

____

我们要了解自己的童年，以及塑造自己人格的那些刻录/印象，这是个人成长的基础。我们要多关注自己每天的生活，注意自己那些下意识的情绪反应，观察它们和自己的刻录有什么联系。我们要不断地观察自己的情绪模式，对它多一些理解，不要抗拒。随着每天的观察，这些情绪就会慢慢地消失。

如果你无法找到模式/习惯背后的刻录，也别担心，只要你保持打开的状态，总有一天能发现它。

这一练习可以帮助你理解自己自然的需求。也许，小时候的你得不到支持、理解和温暖。现在，你要让内在小孩知道，你是值得信赖的；现在，你要满足自己各种自然的需求：像母亲（滋养）/父亲（保护）一样对待自己的内在小孩，把温暖、尊重、认可和爱，给予自己；多给自己一些爱，学会更好地照顾自己。

- 我明天的意愿是

____

____

____

想想你的意愿是什么，从心底找出答案。这可以帮你和自己的灵魂相连接，让生活更有意义、更有方向感、更有效率。

- 观察：

____

____

____

在这一部分，你可以把自己今天值得记录的念头、感受、体验写下来。

“内在小孩日记”电子版下载地址：http://www.baidawei.org

有时，内在小孩需要特别的照顾

做好自己的父母，就要关心自己，爱护自己，并对自己对家关注。不论是独处，还是和别人在一起的时候，都要这样。我们要把自己放在平等的位置上，对自己体贴一些、温柔一些、大方一些、宽容一些，多帮助自己、尊重自己。这并不是说要放纵自己，以自己为中心，我行我素，而是要把对别人的好也用在自己身上。我们关怀别人的同时，也要关怀自己。

生病的时候

生病的时候，我们会变得特别敏感，非常脆弱，需要依靠。随着年龄的增长，我们的情绪系统渐渐地失去了能量，无法支撑心理的防御，所以内在小孩就显得特别突出。这时，我们变得多愁善感，需要他人的帮助。其实，有时候，生病也是内在小孩的心声，说明她需要关注、休息和照顾。在这样的时候，我们要对自己多加关注，对自己温柔一些。

失去重要的人

失去了一位重要的亲人，结束了一段关系，丢掉了一份工作……当一位所爱的人，一件所爱的事物从身边消失，我们的内在小孩会感到震惊、沮丧和深深的悲伤。悲痛的感觉让我们全身颤抖。我们和母亲之间的连接被激活了，和内在小孩分离的焦虑也被打开。这时候，内在小孩希望我们陪着她，不要离开。

“悲伤的时候，我会抱着你，轻轻地摇着你，为你分担悲伤；

当你哭泣的时候，我也一起哭泣；当你受伤的时候，我也受了伤。”

——尼古拉斯·史派克[47]（Nicholas Sparks）

产生情绪的反应

每一次情绪的反应都是内在小孩的外在表现。我们可以观察自己的内心，看看这种情绪到底是什么：烦恼、恐惧、伤痛、侮辱、羞耻、孤独……试着寻找它们背后的刻录：被妈妈抛弃、被爸爸批评、被老师羞辱、遭到朋友的背叛……这些刻录就像别人在我们身上按下的开关，特别是父母和伴侣。我们要让内在小孩知道，现在一切都和以前不同，你现在可以帮助她，保护她。

我们可以调节自己的需求，在自己的能力范围之内尽量满足。情绪的波浪涌起的时候，我们需要对自己特别的照顾。有时候，情绪的反应过大，超过了当时你能承受的限度。这其实是实现个人成长的好机会。我们可以全然敞开，继续了解内在小孩的需求，并疗愈她的伤痛。

生日的时候

对于内在小孩来说，生日是个特别的日子。生日的时候，以前的感受经常会浮现出来。在这一天，我们感谢父母的养育，感谢生命把我们带到这个世上。在这个时间点上，我们可以静静地反思，看看过去的一年取得了哪些进步，犯下了什么错误。我们也许会觉得生命十分短暂。从母亲受孕那一刻开始，我们就在不断地成长。每一个生日，都反映了家庭、工作、环境中的变化。我们也许会在这一刻发出疑问：我的生命到底有什么意义？我的人生方向是否正确？我们也许会害怕过生日，因为生日的时候，我们会吸引别人的注意，如果我们对别人的期望过高，就会对失望的结局感到害怕。我们也许会对生日视而不见，让那一天悄悄过去。

生日前几天，或前几周，我们就可以开始计划庆祝。千万不要有预设的想法，不要去想“生日应该是什么样子”，要敢于创新，过一个不一样的生日，让内在小孩觉得自己受到了照顾。我们可以精心筹划，过一次特别的生日，并把它献给自己的内在小孩。如果我们每一天都能照顾好这个内在的小朋友，在生日那一天，就会觉得更轻松、更平和、更自然。

新年、中秋、家人团聚的时候……

节日和团圆的时刻，是探索内在世界的好时机。和原生家庭中的成员共处，会让我们回顾过去，反思自己的习惯以及了解家庭的经历。这时候，我们的一些刻录会被妈妈、爸爸或是兄弟姐妹打开，回忆也会随之浮现。我们要保持专注、打开的状态，不断发现自己。我们也需要对内在小孩给予特别的照顾，因为这些经历也许会激发痛苦的回忆。如果和原生家庭成员在一起的时候，你感觉很难受，那就需要调整一下和他们相处的时间，这样才不至于让自己的压力太大，同时也能让自己保持专注。

广告中的家庭总是一片和谐，欢声笑语。这让人们心中完美的家庭形象不断加深。这种极高的期望，让我们在和家人相处时感到很大的压力。你会觉得，大家都“应该”高高兴兴的，但内在小孩有时却觉得很悲伤，很孤独。这时，我们可以告诉他 / 她：“我陪着你。我尊重你的感受。我想告诉你，电视里面那些完美的家庭并不是真的。每个家庭都有自己的问题。对你来说，最完美的家庭就是自己的家庭。生命给了我们成长需要的养分。和家人团聚时，若能有一种内心的平和，我们就会十分快乐。我们从每一位家人身上都能学到很多。虽然我们和他们之间有很多差异，但彼此内在的连接却非常紧密。在内心深处，我们爱着每一位家人。”

第十三章

爱父母，爱自己

从心理学的角度来看，我们与父母的关系是最基本、最重要的一段关系。它是我们第一段关系。身体发肤，受之父母。当我们还是襁褓中的婴儿，母亲便是整个世界。她的皮肤、她的气味、她的声音、她的乳汁、她的动作，组成了我们周围的一切。父母不仅让我们拥有了生命，还为我们提供营养、安全和温暖。我们的一切所需，都是来自于他们。我们脆弱并需要依靠父母。我们就像围绕太阳旋转的行星。我们小，他们大。父母是我们的榜样、老师，对我们的影响最大。我们无数次看着他们，从他们那里学会在世上生存的方法。我们从母亲那里吸收的，不仅有她的乳汁，还有她对生命、关系、工作、金钱的态度、信念和恐惧。

练习：我们身上有父母的影子

在下面的表格中，前两个竖行中的内容分别描述了父亲、母亲的特点。如果你小时候曾和父母以外的人一起居住，他/她照顾着你，某种程度上扮演了父亲/母亲的角色，而且你们一起生活的时间不少于五年，那就可以把他/她视为“主要照顾者”。第三竖行的内容，就是对他/她主要特点的描述。现在，思考一下，哪些特点符合你小时候爸爸妈妈的情况，然后拿起笔，把这些特点勾出来。表中包括正负两方面的内容，集合了他们主要的人格特点。在每一竖行中，至少要勾出六项特点。这些形容词可以帮助你找到最合适的描述方式。如果你觉得表中并没有自己父母的特点，也可以另外写一些形容词，描述他们的主要特点。如果你没有“主要照顾者”这一角色，则不用理会第三竖行的内容。

母亲	父亲	主要照顾者
慷慨/吝啬	慷慨/吝啬	慷慨/吝啬
果断/犹豫	果断/犹豫	果断/犹豫
热情/冷漠	热情/冷漠	热情/冷漠

续表

母亲	父亲	主要照顾者
内敛 / 外向	内敛 / 外向	内敛 / 外向
怨恨 / 谅解	怨恨 / 谅解	怨恨 / 谅解
乐观 / 悲观	乐观 / 悲观	乐观 / 悲观
诚实 / 不那么诚实	诚实 / 不那么诚实	诚实 / 不那么诚实
勤劳 / 懒惰	勤劳 / 懒惰	勤劳 / 懒惰
负责 / 不那么负责	负责 / 不那么负责	负责 / 不那么负责
严肃 / 幽默	严肃 / 幽默	严肃 / 幽默
不安 / 自信	不安 / 自信	不安 / 自信
坚决 / 怀疑	坚决 / 怀疑	坚决 / 怀疑
进步 / 保守	进步 / 保守	进步 / 保守
准时 / 不准时	准时 / 不准时	准时 / 不准时
信任 / 不信任	信任 / 不信任	信任 / 不信任
无忧无虑 / 感伤怀旧	无忧无虑 / 感伤怀旧	无忧无虑 / 感伤怀旧
自然随性 / 严格自控	自然随性 / 严格自控	自然随性 / 严格自控
神秘莫测 / 物质至上	神秘莫测 / 物质至上	神秘莫测 / 物质至上
异想天开 / 比较实际	异想天开 / 比较实际	异想天开 / 比较实际
情绪容易激动 / 情绪比较稳定	情绪容易激动 / 情绪比较稳定	情绪容易激动 / 情绪比较稳定
耐心 / 缺乏耐心	耐心 / 缺乏耐心	耐心 / 缺乏耐心
完美主义者 / 不那么注重完美	完美主义者 / 不那么注重完美	完美主义者 / 不那么注重完美
自律 / 不自律	自律 / 不自律	自律 / 不自律
富于进取精神 / 不思进取	富于进取精神 / 不思进取	富于进取精神 / 不思进取
谨慎 / 不谨慎	谨慎 / 不谨慎	谨慎 / 不谨慎

续表

母亲	父亲	主要照顾者
富于创造力 / 缺乏创造力	富于创造力 / 缺乏创造力	富于创造力 / 缺乏创造力
要求苛刻 / 容易接纳	要求苛刻 / 容易接纳	要求苛刻 / 容易接纳
嫉妒心强 / 嫉妒心不强	嫉妒心强 / 嫉妒心不强	嫉妒心强 / 嫉妒心不强
自以为是 / 不太自以为是	自以为是 / 不太自以为是	自以为是 / 不太自以为是
顽固 / 不那么顽固	顽固 / 不那么顽固	顽固 / 不那么顽固
刻板 / 灵活	刻板 / 灵活	刻板 / 灵活
讲究外表 / 样子邋遢	讲究外表 / 样子邋遢	讲究外表 / 样子邋遢
关心人 / 不关心人	关心人 / 不关心人	关心人 / 不关心人
无私 / 自私	无私 / 自私	无私 / 自私
焦虑 / 放松	焦虑 / 放松	焦虑 / 放松
知书达理 / 文化不高	知书达理 / 文化不高	知书达理 / 文化不高
富于激情 / 毫无乐趣	富于激情 / 毫无乐趣	富于激情 / 毫无乐趣
爱管闲事 / 不爱管闲事	爱管闲事 / 不爱管闲事	爱管闲事 / 不爱管闲事

我们可能会发现，在有些方面，爸爸妈妈的特点恰好相反，形成互补的关系。在这些方面，你可能吸收了父母双方的特点，让你有时觉得困惑。把父母（或主要照顾者）的特点勾出来之后，请结合自己的情况思考，自己和父母在这些方面是不是很相似？还是有所不同？如果你觉得自己和父母这些特点相似，就在旁边画一个加号“+”，如果你觉得自己和这些特点正好相反，就在旁边画一个减号“–”。

回忆一下，父母的这些特点，有没有体现在自己身上？我们从他们身上吸收了一些特点，而在另一些特点上，却正好与其相反。比如，爸爸说话很大声，你小时候很怕他这样，所以长大之后，你变得特别安静。如果我们对于父母身上某些特点很抗拒，那我们就会产生相反的趋向。我们抗拒父母身上的这一特点，就不会让自己成为这样。我们内心的想法是“我绝不会像你那样”。如果父母经常吵架，而你特别同情其中的一方，你就会对你不喜欢的那一方身上的特点十分抗拒。这样，你就会让你亲近的那一方更喜欢你。例如男孩的爸爸是个酒鬼，经常对妈妈大喊大叫，又打又骂。儿子觉得自己很无力，却又非常同情妈妈，于是他就变得很有礼貌，说话细声细气。这样，他和爸爸的特点不同，妈妈就不会拒绝他。他爸爸没有正确运用自己的力量，于是，儿子就否定了自己的力量，怕自己会伤害别人。在他的头脑中，他把力量和冲突联系到一起。

无论是模仿父母的样子，还是对他们的特点十分抗拒，我们和父母之间的关系都密不可分。这就像硬币的两面，谁也离不开谁。无论是模仿，还是抗拒，我们都深受他们的影响。我经常看到这样的例子：有的人说自己和父母一点也不像，并对此十分肯定。但时间一长，当他们自己成家立业、为人父母的时候，情况却全然不同。他们发现，自己和父母的行为非常相似，尤其是在遇到压力的时候。事实上，我们每个人的内在世界中，都少不了父母的印记。

我们还小的时候，整个世界充满了未知。我们无数次地寻求父母的帮助，让他们教我们走路、说话，教我们与邻居相处，教我们如何花钱、如何吃饭、如何思考……他们的每一个动作、每一次反应、每一种态度以及表达的方式，都深深地印在我们脑海中。我们小的时候，父母就像神一样，代表整个宇宙。让自己和他们相似，也是一种归属感的表达。我们心想：“如果我像爸爸妈妈，他们就会喜欢我，对我好。”我们都害怕被拒绝，这是一种主要的恐惧感。我们要有归属感，要确保自己在家庭中的地位。

小时候，我们还无法理解自身的价值。我们只能观察父母呈现的形象，观察他们对待我们的方式，了解父母对我们的评价，体会他们说话的语气，等等。

练习：父母是孩子的一面镜子

你在父母身上看到了自己的形象吗？是什么样子的？父母是如何看待你的？他们对你有什么评判？

____

____

____

____

如果我们存在的方式是由父母塑造的，而他们又反映了我们自身的特点，那么，我们当然只有爱自己，才能真正地爱父母，尊重父母。如果我们对他们满怀恨意，十分抗拒，那说明我们内心对自己的态度也是一样。我们拥有父母身上的各种特点，那么，除非接纳他们，否则我们就不能接纳自己；除非我们和父母平和地相处，否则就不能和自己平和地相处；除非我们全心地爱着父母，否则就无法真正地爱自己。所以，任何一位个人成长的导师，都会要求人们处理好父母的关系。从心理学的角度上看，和父母平和地相处，具有非常大的意义。

我并不会给大家提出新的建议。事实上，中国文化以及世界上许多古老的文化，都十分强调对父母的爱和尊重。我们所受的教育，也要求我们感激父母、关心父母，并原谅他们。然而，对父母的爱和尊重不能浮于表面。如果我们强迫自己尊重父母，这种爱就会变得不自然。它并非出于内心，而是出于头脑，是一种"我应该"的想法。我们嘴上说爱自己的父母，但内心却还是充满恨意，觉得和他们十分疏远。有时候，我们老是不想和他们见面，也不愿意给他们打电话。我们可能对父母十分孝敬，但这只是出于义务和责任，并非出于真心。

在和父母相处的时候，我们要达到深层的和谐。只有一个念头“我应该爱他们”，这远远不够。我们还需要勇气和诚心，才能面对自己心中对他们复杂的情感。不论父母有多完美，我们每个人心中都对他们有着复杂的情感，这很正常。任何一段亲密、长久的关系，都会带来复杂的情感。丈夫和妻子之间，也有对彼此失望的时候。生活充满了复杂的内容，里面包含了各种情绪和体验。在亲密的关系中，我们感受的快乐最多，经历的伤痛也最多。在父母的关系中更是如此。我们刚出生的时候非常脆弱，随时都需要父母的照顾。除了身体的需求之外，我们还有感情的需求。有时候，爸爸妈妈还没准备好满足我们的需求。这时，我们就会感觉受伤，觉得自己不受欢迎、不重要、不够好。我们对父母的渴望和要求太多，经常会让自己失望。我们觉得很难过，甚至很愤怒。我们很小的时候，还可以大哭大叫；但到了两三岁的时候，我们就要咽下自己的愤怒，无法向父母表达。虽然这是正确的行为，

但这种愤怒并未消失。时间一长，它就变成了复仇的情绪。我们心想："等着瞧。现在我没有办法，但只要我有机会，我就要你们好看。你们会后悔的。我要向你们证明：'你们错了！'"

愤怒本是一种炽热的情绪，但现在却被冻住了。冰冷的愤怒就成了报复的情绪，这并不是一种冲动，而更像周密计划的行为。

我们是如何对父母实施报复的？一般来说，这种报复的行为都不太明显。在中国，很常见的行为是：不给父母打电话，不联系他们，甚至在一起的时候也很冷漠。只要保持"孝顺"的态度就好。无意识头脑好像在说："你原来对我那么冷漠，现在我也要这样对你。"我们可能会搬离父母居住的城市，住得离他们远远的。"现在我有办法了，我让你找不到我。"这些行为都很常见。孩子觉得自己得不到父母的重视，或是觉得父母偏爱其他兄弟姐妹，就会以这种方式向他们报复。他们也许会很努力，追求成功，追求父母的认可，以此向父母证明，他们当初的看法是错的。

另一种报复的方式，是做出一些让父母不快的选择：找个他们不喜欢的男朋友 / 女朋友，找个他们不支持的工作，把自己打扮成他们看不惯的形象……还有一种方式，就是让自己过得不幸福，把生活弄得很糟糕，活得很抑郁，等等。这样的方式，其实就是说："你看！我的生活让你们毁了！"我们知道，父母都关心自己的子女。如果孩子们过得不好，他们就会担心，甚至感觉内疚。在有些极端的案例中，孩子甚至用自杀的方式来表现复仇，他们的想法是："我要让你这辈子都活在自责之中"。

在我们的意识之外，有一些非常微妙的情绪。如果某种行为或态度中带有复仇的情感，其目的就是让父母为自己给儿女造成的伤害感到后悔。然而，复仇并不会使任何一方受益，反而会带来更多的痛苦。

我们可以对这种复仇的情感多一些理解。由于缺乏指导，我们和爸爸妈妈也许都不知道如何放下伤痛。大多数人在头脑中原谅了父母："他们已经尽力了；他们的爸爸妈妈也许也是这样的；他们不知道如何改变。”在头脑中原谅父母，我们可以不费力地做到。然而，许多人并没有真心地原谅他们。深层的原谅是内在工作的结果，它只能源于我们的内心，而非头脑，而且并不受我们的控制。如果有一个按键，我们一按下去，就能立即在心里原谅父母，那就太好了。可这样的东西并不存在。原谅父母，更像是果实成熟的过程。果子成熟的时候，自然会从树上落下来，并不受任何外力的控制。

我们要下定决心，清理挡在自己和父母之间的障碍。这些障碍让彼此的爱无法流动，只有清理干净，我们才能开始疗愈的过程。我们要接受这样的事实：我们和父母之间经历了无数个时刻，积累了太多复杂的情感，有过太多的误会。这些感受也许处在沉睡的状态，在被激活之前，我们感觉不到它们的存在。如果让它们一直处于沉睡的状态，不去面对，就会对我们和父母的关系产生负面的影响。

首先，我们要承认自己对父母的复杂情感。如果爸爸妈妈让你受了伤，你首先要让自己把愤怒表达出来。逼着自己原谅他们，只会起到相反的效果。

练习：认识对父母的复杂情感

请仔细阅读下列句子，并根据自己的感受，判断哪些描述符合你和父母的情况。我们的内在小孩都有可能这样怪罪父母，看看哪些句子会引起你的共鸣。

我需要你的时候，你在哪儿？

不管我怎么做，你都觉得我不够好。

你有没有真正在意过我的感受？

你知不知道，你原来……的时候，对我来说有多难？

我从前是你的负担吗？

为什么你从来不抱着我？

要是你能多和我在一起就好了。

我需要你更多的解释。

为什么你那样对我的哥哥／弟弟／姐姐／妹妹？

你有没有为我骄傲过？

每一个有关清理父母关系的练习，都是给父母、给自己、给孩子的一份礼物。我们如果能在心底原谅父母，自己的孩子也会得到祝福。这样，他们就不会再受累于我们未解决的问题，心理上也会健康地成长。

爷爷奶奶在孩子的成长过程中也承担了重要的角色。他们的爱对孙辈来说，是一种心灵的滋养。西班牙人常说："没有爷爷奶奶的孩子，会失去很多东西。"意大利人说："遇到问题，就找奶奶帮忙。"威尔士人说："有了孙子孙女之后，才知道什么叫完美的爱。"而中国人也说："家有一老，如有一宝。"

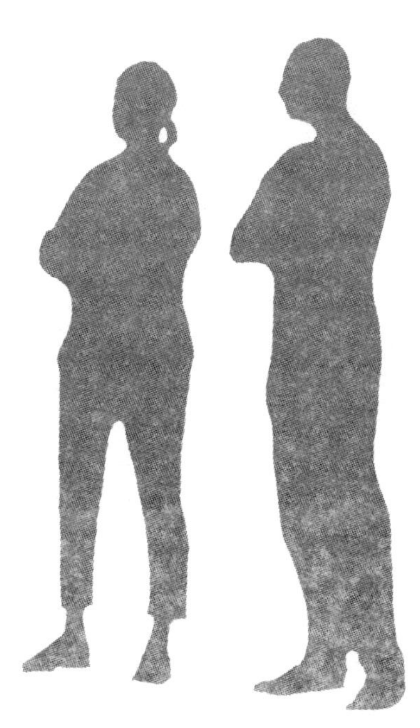

练习：净化与父母的关系

你需要找个合适的时间，在一个私密的空间里做这个练习。练习时间为半小时到一小时，中间不能受到任何打扰。这个练习可以多次做。在第二次、第三次练习时，也许会有新的回忆和情绪浮现出来。

把以下句子补充完整。在这个练习中，不要把自己当作“好孩子”，把自己的难过、烦恼表现出来，尽量地对自己真诚。范围包括从你出生到现在为止与父母相处的经历，并不仅限于童年。即使你认为在某些事情上已经原谅了父母，在这个练习中也可以把它们写进来。

当妈妈________的时候，我感到失望、沮丧、愤怒。

____

____

____

____

当爸爸________的时候，我感到失望、沮丧、愤怒。

____

____

____

____

____

当妈妈________的时候，我感到悲伤/被遗弃/灰心/被忽视。

____

____

____

当________的时候，我感到悲伤/被遗弃/灰心/被忽视。

我不喜欢妈妈________（怎么样）。

我不喜欢爸爸________（怎么样）。

我很难原谅妈妈的一件事是________。

我很难原谅爸爸的一件事是________。

我对妈妈________（什么事情）很感激。

我对爸爸________（什么事情）很感激。

如果你小时候曾和父母以外的人一起居住，他/她照顾着你，某种程度上扮演了父亲/母亲的角色，而且你们一起生活的时间不少于五年，那也可以结合他/她的情况，完成上面的句子。

这一练习最好在心理咨询师、个人教练或是其他专业人士的陪同下完成，为你的疗愈过程提供支持。如果你觉得自己会产生强烈的情绪，请不要一个人进行练习。完成这些句子之后，安静地坐下，深呼吸，把注意力放在心口。大声读出第一个句子，然后闭上眼睛，想象自己正在向妈妈诉说着一切。尽量顺着自己的直觉，说出你想说的话。利用这个机会，在想象的世界中，向妈妈说出以前不能说、不敢说的话。就算你以前对妈妈说过，现在也可以再说一次。用语言把一切情绪表达出来，不要有任何的克制。如果你要哭，就放声大哭。如果你要表达自己的不满，可以找两个厚垫子，往地上狠狠地砸。你也可以找些旧报纸，用双手把它撕碎，表达自己的愤怒。练习的时候，要保持觉知，注意安全，不要对自己造成伤害。练习之前，先取下手表、珠宝等物品。

看一遍上面的句子，然后慢慢开始向想象中的父母表达自己的心声。让感觉自然地浮现出来。做练习的时候，真正的父母不能在场，你只是在想象中向他们表达。做完之后，休息一会儿，有意识地呼吸，照顾好自己，对自己温柔一些。完成之后，你可以洗个澡，仿佛剩下的情绪被水冲得一干二净。

我们并不需要直接地向父母表达自己的恨。如果那样，他们可能无法接受。他们会觉得自己受到了批评和攻击。我们本意是和他们亲近，却让他们感觉伤痛，觉得儿女不理解他们。而我们自己也会觉得被误解、被冤枉。我们只需要在想象中向他们表达自己的恨，整个过程只需由自己完成。我们要解决的，是自己和自己心中的父母之间的关系。对于实际生活中的父母，我们可以尽量带着善意去和他们相处。和他们保持亲近的关系，并不意味着要和他们谈论私密的事情。保持亲近的关系，只是要在自己心里和他们亲密相处，保持平和，并且带着爱和感激。父母生活的时代与我们不同，表达感情的方式也有所不同。我们最好用他们的方式和他们相处，用“他们的语言”和他们交谈。他们对什么感兴趣，我们就和他们谈论什么话题，例如天气、物价，等等。我们说什么并不重要，重要的是我们在心里要和他们感觉亲近。我们要让父母有这样的感觉：我们无意改变他们。他们如果能得到子女的爱和接纳，就会有一种安全感，也就会慢慢地向我们敞开心扉。

如果父母和朋友缺乏交流，他们也许会混淆子女和朋友的角色，和子女分享一些私密的事情，例如自己的婚姻。如果他们坚持这样做，我们可以不必当真，只需要带着善意，让他们不要抱怨对方的不好。孩子不应该为父母中的任何一方保守秘密，他们之间的问题应该由他们自己解决，不应该把孩子卷进去。在孩子的心里，他们对父母双方都一样忠诚。虽然表面上可能和其中的一方更亲近，但孩子们对他们的爱是同等的。除了对父母的恨意之后，我们心中其实充满了对他们的爱，因为他们给了我们生命。

在任何一段健康的关系中，我们都需要一定的限度，跟父母也不例外。如果我们一味地讨好他们，而不关注自己的局限和需求，最终只会更恨他们，从而影响自己和父母的关系。我们要和父母保持适当的距离，考虑他们的同时，也要考虑自己，这才是生活的艺术。有时候，父母也许对我们的决定并不赞同，那我们最好先听听他们的说法，让他们表达意见。然而，我们最终还是要尊重自己的内心，坚持自己的看法。举个例子，如果父母对我们的工作不满意，我们可以先让他们谈谈看法。经过一段时间之后，如果我们仍然认为这份工作符合自己真正的志向，无论父母对此是否满意，我们都应该坚持自己的决定。一段时间之后，他们也许就能接受我们的选择。设定限度的时候，态度要亲切而坚定。一开始，我们也许很难做到这一点，因为我们会觉得内疚，害怕自己的反应会让父母受伤。但如果我们在与父母相处时一味地退让，他们就会养成习惯，对我们过度地控制，提出过高的要求。这样我们就还是处于孩子的状态。尊重和关爱父母，并不意味着要把所有的个人权力都交给他们。要实现个人成长，我们在情绪上就必须独立，以一种成熟的态度去爱他们。我们要做自己，选择自己喜欢的生活方式。成熟的人会带着尊重倾听父母的声音，但不会再向他们寻求认可。有时候，只要我们活得真实，自然会得到父母的认可。

在个人成长课程中，我们有各种练习，包括视觉冥想和体验，可以让学员体验心中的父母形象，并最终全然地接纳他们。对于他们的成就和错误，我们要予以接纳；对于他们造成的伤痛，我们要予以原谅；我们要为他们的付出心存感激，并用尊重的态度接纳他们。只有爱自己的父母，真心地尊重他们，我们才能真正地爱自己。

附　录

附录一
“内在小孩”的由来

我们用直觉就能体会“内在小孩”的存在。一直以来，许多哲学家和诗人都提及过它。然而，直至精神分析学创立之后，人们才开始认真研究“内在小孩”这一概念。1923年，弗洛伊德在他的著作《自我与本我》中提出，人的心理可分为三部分，而其中之一就是“本我”，它代表着孩子气、无意识和冲动。与弗洛伊德同时期的心理学家荣格（分析心理学的创立者）把内在小孩看作一种重要的原型（archetype），它是一种产生于集体无意识的古老意象，象征着可能的未来。荣格认为，如果我们能够整合并疗愈“内在小孩”的原型，便会使意识中的人格处于统一和充满活力的状态。加拿大精神病学家艾瑞克·伯恩（Eric Berne）在20世纪50年代末期创立了沟通分析技术（Transactional Analysis）。他认为，人的自我状态存在三个阶段，其中的一个阶段就是“儿童我”。在这一阶段，人的思维、感受、行为都接近于其童年的状态。

深层心理学（Depth Psychology）加深了人们对于无意识头脑的理解。内在小孩象征着大部分的个人无意识，而深层心理学则为内在小孩的研究奠定了基础，让我们可以深入了解它的工作方式。阿尔弗雷德·阿德勒（Alfred Adler）、梅兰妮·克莱因（Melanie Klein）、温尼科特（Donald Winnicott）都对这一概念的发展做出过贡献。

发展心理学（Developmental psychology）运用科学的研究方法，推动了人们对于内在小孩的认识。约翰·鲍比（John Bowlby）、玛丽·爱因斯沃斯（Mary Ainsworth）、让·皮亚杰（Jean Piaget）等儿童心理学家也对此进行了研究，使人们对于童年阶段的理解得到了深化。

从20世纪60年代起，随着“人类潜能运动”（Human Potential Movement）的发展，内在小孩的概念得到了广泛传播。这一运动受到人本主义心理学（Humanistic Psychology）的启发，强调开发人类潜能，使生活幸福、充实，并富于创造力。我们可以运用心理学的知识和技术发掘这些潜能。米西迪（W.Missildine）、约翰·布雷萧（John Bradshaw）、露易丝·海（Louis Hay）等心理学家的著作也促进了西方国家对于“内在小孩”的认识。

我第一次接触内在小孩这一概念是在16岁。当时，我正在学习西班牙超个人心理学家安东尼·布雷（Antonio Blay）的著作。18岁时，我第一次参加了“内在小孩”课程，并接受巴西心理学家玛丽·库艾内斯（Marly Kuenerz）的指导。她曾跟随霍夫曼（Robert Hoffman）学习。霍夫曼在20世纪60至70年代之间创立了“霍夫曼四联疗法”。这是一种有关个人发现和发展的课程，从它创立以来，有数千人参加过这一课程。在“霍夫曼四联疗法”中，参加者会仔细观察影响自己生活的重要原因，并从童年阶段寻找根源。他们会发现身体及头脑中的痛苦、悲伤、羞耻和仇恨，并学会释放这些情绪的方法。此外，这一课程也能帮助人们原谅、接纳自己以及自己的父母。“霍夫曼四联疗法”对我上课和写作的内容有很大影响，我也从中受到了不少启发。

美国心理学家杨诺夫（Arthur Janov）在20世纪70年代创立了“原始疗法”。这种精神疗法可以帮助人们减轻童年创伤造成的痛苦。他的研究还包括出生经历对于人们的影响。20世纪80年代时，爱丽丝·米勒（Alice Miller）对童年创伤的研究为人们所熟知。她的研究让人们意识到，成人的行为失调与童年负面经历有关。

20 世纪 80 年代，哈尔·斯通（Hal Stone）和西德拉·斯通（Sidra Stone）两位心理学家创立了“自我内心对话”。这种精神疗法的目的，是让人们体验、整合心理中多方面的“自我”。他们认为，各个“自我”均来自于成长的过程，它们可以保护内在小孩，避免她受到伤害。使用这一技术时，参与者会和人格的各个部分对话，发现他们的运作模式，并认清自己对他们是抗拒还是执着。

同样是在 80 年代，内在小孩这一技术被运用到许多康复项目中，如戒酒、戒毒、戒赌，以及针对过度饮食、性瘾、强迫性购物等行为的治疗中，等等。人们清楚地认识到，各种成瘾行为的根源，常常和童年时代的经历有关。要治疗这些成瘾行为，就要改变人们的错误信念，疗愈过去的伤痛。

现在，世界各地的心理咨询师、教练、个人成长导师都在使用内在小孩疗法，或是开设相关课程。我建议大家在选择这些课程或疗法时，保持谨慎的态度，因为不少缺乏专业训练的人士也在提供这些服务。只有在真正的专业人士指导下，我们才能探究自己的无意识头脑，疗愈童年的创伤。从事这一工作的人士，必须具备心理学和精神疗法的专业背景，并且有多年从业经验。同时，导师必须对自己进行深层的处理，连接、理解、疗愈并原谅自己的内在小孩。只有这样，这位导师（或治疗师）才能真正为人们带来帮助，并保证参加者的安全。除了查询导师的资质之外，我们也可以从其他参加者那里获得反馈，了解他 / 她的服务质量。

附录二
参考资料及注释

1）约翰·康诺利（John Connolly）（1968—）：爱尔兰作家，其最为知名的著作为私家侦探查理·帕克系列小说。

2）牧豆树是豆科含羞草亚科牧豆树属的植物，分布在热带及亚热带，主产于美洲，少数分布在亚洲及非洲。生长在河边的牧豆树可长到 18 米，而在干燥地区的牧豆树则只能长到 90 厘米高，但它的根却有 15 米长。

3）本书在泛指每个人的内在小孩的时候，特别选择了用“她”这个代词，意在代表内在小孩那柔嫩温柔的特质；代指现实世界一般意义的孩子用“他”，以示区别；内在成人跟内在小孩相比较，更具有理性的男性特质，因此代词使用了“他”，以和内在小孩的“她”相对照。——编者注

4）这句话并非出自爱因斯坦本人的著作或演讲。该引言最初见于 Robert E.Hinshaw 的著作 *Living With Nature's Extremes*：*The Life of Gilbert Fowler White*（2006）的第 62 页。根据 Hinshaw 的说法，这句话源自 *Journal of France and Germany*（1942—1944）（作者为 Gilbert Fowler White）。

5）原文出自 Stephen Mitchell 所译的《道德经》（HarperCollins，1988）第二十八章。

6）出自《马太福音》18：3

7）这句话出自迈克尔·杰克逊2001年3月于牛津大学的演讲。

8）出自《国家地理》新闻频道2005年1月4日的文章《动物能预知海啸吗？》（*Did Animals Sense Tsunami Was Coming?*），作者为Maryann Mott。

9）让·皮亚杰（Jean Piaget，1896-1980）：瑞士学者。他在儿童发展心理学领域做出了重要贡献。他认为，儿童的思维发展可分成若干阶段。在达到一定年龄之前，他们无法以特定的方式来理解周围的事物。

10）原文为The tongue ever turns to the aching tooth。——译者注

11）威廉·赖希（William Reich，1897-1957）：奥地利心理学家、心理分析家。他对人格的形成进行了研究，并提出了“肌肉盔甲”的概念，被认为是“身体心理疗法”的创始人。

12）Jung，C.G.*Psychology and Religion*：*West and East*.Princeton University Press，1970.

13）Jung，C.G.*Collected Works of C.G.Jung*，*Volume 10*：*Civilization in Transition*，Princeton University Press，1970（中译本：《文明的变迁》，荣格著，周朗，石小竹译，国际文化出版公司：2011）.

14）Santayana，G.*The Life of Reason.Reason in Common Sense*.Scribner's，1905（中译本：《常识中的理性》，乔治·桑塔亚纳著，张沛译，北京大学出版社：2008）.

15）弗洛伊德提出的这一概念首次见于1914年的论文《回忆，重复与修通》（*Remembering*，*Repeating and Working-Through*）。

16）原文为“Better what is bad but familiar，than good but unknown”.——译者注

17）《美丽人生》：1997年意大利喜剧电影，由导演罗伯托·贝尼尼自编自演，吉安路易吉·布拉斯基（Gianluigi Braschi）及艾尔达·法瑞（Elda Ferri）担任监制。

18）Goertzel，V.，Goertzel，M.，Goertzel，T.and Hansen，A.*Cradles of Eminence*：*Childhoods of More Than 700 Famous Men and Women.*Tucson：Great Potential Press，2004.

19）这句话一般被认为是马克·吐温的名言，但原文出处不可考。

20）扬诺夫（Arthur Yanov）：美国心理学家，心理治疗师，“原始疗法”的创始人。

21）Moore ER，Anderson GC，Bergman N and Dowswell T.*Early skin-to-skin contact for mothers and their healthy newborn infants.Cochrane Database of Systematic Reviews*2012，Issue 5.Included in *The Kangaroo Mother Care. A Practical Guide*，*Department of Reproductive Health and Research*，World Health Organization，2013.

22）Marti Erickson，Ph.D.，Director，Irving B.Harris.*Good Enough Moms & Dads*：*Separating Fact from Fiction about Parent-Child Attachment.*Training Programs，University of Minnesota.

http：//www.cehd.umn.edu/ceed/publications/tipsheets/ericksontipsheets/attachmentfactorfiction.pdf

23）劳拉·古特曼（Laura Gutman）：阿根廷家庭心理治疗师，擅长与儿童和夫妻关系有关的心理治疗。

24）Gutman，L.*La maternidad y el encuentro con la propia sombra.* Barcelona：RBA Libros，2008.

25）Snyder，R.，Shapiro，S.，and Treleaven，D.Attach*ment Theory and Mindfulness.Journal Of Child & Family Studies*，21（5），709-717.2012.

26）T.Verny，*The Secret Life of the Unborn Child.*Dell，1982.

27）《里欧洛》（*Léolo*）是由让—克劳德·罗桑执导的一部剧情片。曾获多伦多、温哥华电影节最佳影片奖。

28）哈达瑜伽是一门瑜伽技术，注重身体姿势、呼吸练习、身体净化；瑜伽休息术是一种深层的放松和冥想技术；内观冥想是一种传统的佛教冥想方式。

29）Gendlin，E.T.，*Focusing.New York*：*Bantam Books*，1982（中译本：《聚焦心理》，简德林著，王一甫译，东方出版中心：2009）。

30）约翰·莫菲特（John Moffit，1908-1987）：美国诗人。

31）《理性之歌》（*the Logical Song*）出自 Supertramp 于 1979 年发行的专辑 *Breakfast in America*，由罗杰·霍奇森作曲并演唱。Supertramp 是一支英国摇滚乐队，成立于 1970 年。

32）http：//alovinghealingspace.blogspot.com/2013/08/your-unlived-life-is-always-appearing.html.

33）巴里·胡加特（Barry Hughart）（1934-）：美国奇幻小说作家。他的作品《鹊桥》（*Bridge of Birds*）于 1984 年首次出版，是《李大师与十牛》（*The Chronicles of Master Li and Number Ten Ox series*）系列小说中的第一部。

34）Jung，C.G.*The Collected Works of C.G.Jung*，"*Marriage as a Psychological Relationship*" *Volume 17*.Princeton：Princeton University Press，1954.

35）Jung，C.G.*Psychology and Religion*.Yale University Press，1938.

36）Dickens，C.*Great Expectations*.Penguin English Library，1984（中译本：《远大前程》，狄更斯著，王科一译，上海译文出版社：2006）.

37）《不必担心》（*Why Worry*）是马克·诺夫勒（Mark Knopfler）的歌曲，收录在英国摇滚乐队 Dire Straits 专辑 *Brothers in Arms* 中，发行于 1985 年。

38）Biesser，Arnold.*Paradoxical theory of change.In Gestalt therapy now*.Science and Behaviour Books，1970.

39）Nelson，P.*There's a Hole in My Sidewalk*：*The Romance of Self-*

Discovery.Atria Books/Beyond Words，2012.

40）Scott McLeod，T.*All That Is Unspoken*.CreateSpace，2013.

41）埃莉诺·罗斯福（Eleanor Roosevelt，1884-1962），美国政治人物，第32任美国总统富兰克林·德拉诺·罗斯福的妻子。——译者注

42）"完形疗法""沟通分析""内在声音对话"均是人本主义心理学的治疗方法。它们不仅可以用于精神疾病患者的治疗，也能帮助人们了解自己，发挥自身潜力。

43）出自英国《新政客》杂志（*New Stateman*）主编Kingsley Martin于1939年1月（二战期间）对丘吉尔进行的采访。

44）拉希德·欧格拉鲁（Rasheed Ogunlaru）是出生在英国的尼日利亚人，也是一位顶尖的生活、商业和企业教练。

45）原文为"If something that feels good，we take it in moderation，it will be two times better."——译者注

46）Fromm，E.*The Art of Loving*.Harper & Row，1956（中译本：《爱的艺术》：弗洛姆著，李健鸣译，上海译文出版社：2008）.

47）尼可拉斯·史帕克(Nicholas Sparks)是一位国际畅销书作家，美国小说家和电影编剧。

附录三
参考书目

作者注——本书的内容主要来自我在工作中的观察和几千名学员、案主的经历。除此之外，我对内在小孩的认识以及本书的写作，也直接或间接地得益于许多著作，主要包括：

Albert Gutiérrez，J.J. *Ternura y Agresividad.Carácter*：*Gestalt*，*Bioenergéticay Eneagrama*. Madrid：Mandala Ediciones，2009.

Abrams，J.（ed.）.*Recuperar el Nio Interior*. Barcelona：Kairós，2008.

Adler，A. *El sentido de la vida*. Madrid：Ahimsa，2000.

Ainsworth，M and Bowlby，J. *Child Care and the Growth of Love*. London：Penguin Books，1965.

Berne，E. *What Do You Say After You Say Hello?* London：Corgi Books，1975.

Blay，A.Ser. *Curso de Psicología de la Autorrealización*. Barcelona：Indigo，2009.

Blay，A. *La Personalidad Creadora*. Barcelona：Indigo，1992.

Bowlby，J. *Loss*：*Sadness & Depression.Attachment and Loss*（*vol.3*）. London：Hogarth Press，1980.

Bradshaw，J. *Homecoming*：*Reclaiming and Championing Your Inner Child*.

Maryland: Bantam Dell, 1992.

Capacchione, L. *Recovery of Your Inner Child.The highly acclaimed method for liberating your inner self.* New York: Fireside, 1991.

Chopich, E.J.and Paul, M. *Healing Your Aloneness.Finding Love and Wholeness Through Your Inner Child.* New York: Harper One, 1990.

Erikson, E.*El ciclo vital completado.* Barcelona: Ediciones Paidós Ibérica, 2000.

Evans, R. *Jean Piaget, the man and his ideas.* New York: Dutton, 1973.

Garriga Bacardí, J. *Dónde están las Monedas? El Cuento de nuestros padres.* Barcelona: Rigden Institut Gestalt, 2006.

Garriga Bacardí, J. *Vivir en el Alma.Amar lo que es, amar lo que somos y amar a los que son.* Barcelona: Rigden Institut Gestalt, 2009.

Gendlin, E.T., *Focusing.* New York: Bantam, 1982[①].

Goertzel, V., Goertzel, M., Goertzel, T.and Hansen, A. *Cradles of Eminence: Childhoods of More Than 700 Famous Men and Women.* Tucson: Great Potential Press, 2004.

Grosskurth, P. *Melanie Klein.Su mundo y su obra.* Barcelona: Editorial Paidós Ibérica, 1990.

Gutman, L. *La Maternidad y el Encuentro con la Propia Sombra.* Barcelona: RBA Libros, 2008.

Hoffman, Robert. *Getting Divorced from Mother and Dad: The Discoveries of the Fischer-Hoffman Process.* New York: Dutton, 1976.

Horney, K. *El proceso terapéutico: ensayos y conferencias.* Vitoria: Editorial

① 中文版:《聚焦心理》,王一甫译,东方出版中心:2009。

La Llave，2003.

Janov，A. *Life Before Birth：The Hidden Script That Rules Our Lives.* Portland：Nti Upstream，2011.

Jodorowsky，A.and Costa，M. *Metagenealogía.El árbol genealógico como arte，terapia y búsqueda del Yo esencial.* Madrid：Siruela，2011.

Jung，C.G. *Psychology and Religion：West and East，Volume 11，Collected Works of C.G.Jung.* London：Routledge，1970.

Kuernerz，M. *El Juego de la Atención.Descubrir Nuestro Propio Yo.* Madrid：Libsa，2008.

Lacan，L. *The Four Fundamental Concepts of Psycho-Analysis.* London：Karnac Books，2004.

Laurence，Tim. *El Proceso Hoffman.Un camino para reconciliarnos con nuestro pasado，con nosotros mismos y con los demás.* Vitoria-Gasteiz：Ediciones La Llave，2009.

Miller，A. *El drama del niño dotado y la búsqueda del verdadero yo.* Barcelona：Tusquets Editores，2008.

Miller，A. *Por tu propio bien：raíces de la violencia en la educación del niño.* Barcelona：Tusquets Editores，2009.

Pollard，J.K. *Self Parenting.The Complete Guide to your Inner Conversations.* Los Angeles：Generic Human Studies Publishing，1987.

Schwartz，R.C. *Internal Family Systems Therapy.* New York：Guilford Press，1995.

Stone，H.and Stone，S. *Embracing Our Selves：The Voice Dialogue Manual.* Belvedere：Nataraj Publishing，1993.

Taylor，C.L. *The Inner Child Workbook.What to do with your past when it just won't go away*. New York：Tarcher Penguin，1991.

Vygotsky，L.S. *Pensamiento y lenguaje*，Madrid：Paidós，1978.

Winnicott，D.W. *Acerca de los niños*. Barcelona：Editorial Paidós，1998.

Winnicott，D.W. *Los bebés y sus madres.El primer diálogo*. Barcelona：Editorial Paidós，1998.

Whitfield，C.L. *Healing the Child Within.Discovery and Recovery for Adult Children of Dysfunctional Families*. Florida：HCI，2006.

附录四
更多关于作者

白大卫（David Blanco）：西班牙心理咨询师，拥有心理学硕士学位，专业领域包括超个人心理学及人本心理学；除心理咨询之外，他也带领团体及从事写作。从少年时期开始，大卫就开始了内在探索的旅程，并跟随玛丽·库艾内斯（Marly Kuenerz）及安东尼奥·布雷（Antonio Blay）等著名心理学家学习心理学和灵性知识。他曾在世界各地的个人成长团体、修道院、静修院中接受长期训练。他擅长于“内在小孩”心理治疗，并热衷于将东方灵性传统融入西方心理学范畴。他在教学上不断创新，治疗方法实用而深刻，又不拘泥于教条，充满了尊重和关爱。他的案主和学员来自五大洲十七个国家，在中国遍布各个地区。

下面是白大卫带领的三门课程，学员可从其中任何一门开始：

“内在小孩：情绪的转化”

“内在小孩：信念的转化”

“遇见真我”

每门课程为期四天，内容丰富而实用。在课程中，学员将体会一系列疗愈、整合情绪体的过程。课程整合了多种技术和练习方法，例如生物能量、呼吸练习、回溯、重生、打开身体、微移动、催眠、家庭系统、哈科米技术、按摩、冥想，以及佛教、苏菲教派、吠檀多教派的技术，等等。

如果你符合下面的情况，那么这些课程应该适合你：

不满足于当前生活的体验，想要发掘内在的快乐、平和、激情、信心；

需要学习为人父母的知识和技巧；

想要放下过去的负担，改善和父母之间的关系；

对认识自己感兴趣；

希望提升自己的情商；

渴望了解实用的心理学；

愿意提升自己的教练、教学、咨询技巧。

读者在阅读过程中有任何困惑或疑问，愿意与作者和出版方交流，欢迎发邮件到这个邮箱：baidawei@shengmingquan.cn；同时通过微信、微博、博客、网站等多种方式，作者介绍了大量东西方心理学和灵性领域优秀的老师和他们的思想，摘录精彩内容，聘请专人翻译分享给大家；另，学员课程分享、印度朝圣之旅的体验美文，如果读者感兴趣，扫描下面的信息，同样可以很方便地尽数获取。

白大卫名片

白大卫网站

白大卫微信